HTML+JavaScriptによる プログラミング入門

第2版

シンカーズ・スタジオ　古金谷 博，藤尾 聡子
編集支援　大阪工業大学教授　中西 通雄

日経BP社

はじめに

本書は、JavaScriptによる「プログラミングの入門書」です。プログラムは、コンピュータに実行させる命令を書き並べたものです。本書では、その命令を書くときに使う言語、プログラミング言語にJavaScriptを用いています。プログラムの実行には、JavaScriptで書いたプログラムをHTML文書に収め、それをWebブラウザに表示させます。

その関係を、次の図に示します。本書ではHTML編とJavaScript編に分け、JavaScript編の中にプログラミングの章を設けて、それぞれの説明をしています。

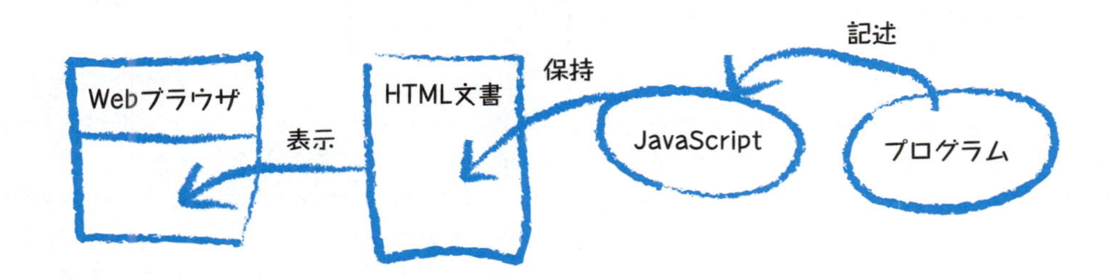

JavaScriptのプログラムがHTML文書に埋め込まれている様子を次に示します。これはJavaScript編で説明しているプログラムです。プログラムは、<script>と</script>の間に書きます。

HTML文書

JavaScript

```
<!DOCTYPE html>
<html>
<head>
  <meta charset="UTF-8">
  <title>あなたの環境は</title>
</head>
<body>
  あなたの環境は<br>
  <script>
  document.write( "スクリーンの幅 ", screen.width, "<br>" );
  document.write( "スクリーンの高さ ", screen.height, "<br>" );
  document.write( "ウィンドウ内部の幅 ", window.innerWidth, "<br>" );
  document.write( "ウィンドウ内部の高さ ", window.innerHeight, "<br>" );
  </script>
  <button type="button" onclick="document.write( new Date() );">
  時刻を表示する</button>
</body>
</html>
```

多くの場合、HTML文書はインターネットを経由してWebサーバから入手しますが、自分のプログラムを実行するときは、テキストエディタを使ってファイルに保存し、それをWebブラウザで表示します。テキストエディタは、書体や文字サイズなどの文字体裁を取り扱わず、テキストだけを編集するツールです。

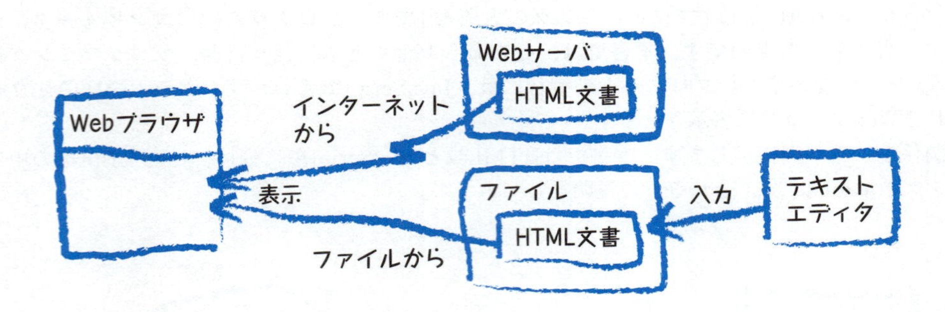

JavaScriptのプログラムは、特別な準備をしなくてもWebブラウザとテキストエディタがあればパーソナルコンピュータ(以下、PC)で実行できるので、簡単に学習を始めることができます。

話題が広範に及びますが、短期間に多くのことを覚える必要はありません。なぜなら、知識の深さよりも広さを優先させ、「全体を大づかみに理解する」ことが重要だからです。浅くても広い知識があり、全体を見通せたら、細部は調べて書くことができます。逆に、深くても範囲が限定された知識ではプログラムを作れません。本書の進め方では、「必要があって調べるとき、見つけたことが活きた知識として定着する」ことを期待しています。加えて、能書き的な説明よりプログラムコードや実行結果などの具体例を重視するなど、理解しやすくするための工夫をしています。なお、辞書にあたるリファレンスマニュアルは本書に含めていません。インターネット上に数多く公開されているので、最新情報を参照してください。

プログラミング入門書では、プログラム言語の文法解説や要約を話題の中心とすることが多いのですが、本書ではできるだけプログラミングのノウハウを説明するように心がけました。プログラムを作るという作業は、ゴールに向かって一直線に進むものではなく、考え込んだり、書き直したりするものです。しかしそうは言っても、試行錯誤では決して良いプログラムを作ることができません。そのニュアンスも説明に加えました。

本書では、HTML編でHTMLの基本を説明してから、JavaScript編でJavaScriptの文法を解説し、プログラムを作りながらプログラムの作り方や考え方を示します。なお、HTMLは主流であるHTML5に基づいて説明しています。WebブラウザはWindows環境のGoogle Chrome、Mozilla Firefox、Windows Internet Explorerを念頭に置きました。

● 本書の使い方

本書には、たくさんの例題や演習が含まれています。

例題は、説明を具体的に進めるための例として用いる問題です。ですから、問題を読んだときによく分からない部分があったとしても、そのまま読み進めば理解できるはずです。なお、解説を読んで分かったつもりでも書こうとすると書けないことがよくあるので、面倒でも実際に動かしてみることをお薦めします。

一部、例題を使った練習には解説がありませんが、下記の日経BP社のダウンロードサイトから回答例をダウンロードできますので、参考にしてください。

http://ec.nikkeibp.co.jp/nsp/dl/05400/index.shtml

プログラム・コードは次のような書式とし、問題で特に注目している部分を色文字にしています。

▶ ex6-6.html

```
<!DOCTYPE html>
<html>
<head>
  <meta charset="UTF-8">
  <title>あいさつを表示する関数</title>
</head>
<body>
  <p>関数を呼び出して使う</p>
  <script>
  function greet( msg ) {
     alert( msg );
  }
  </script>
  <button type="button" onclick="greet( 'Good morning!' )">朝</button>
  <button type="button" onclick="greet( 'Hello!' )">昼</button>
  <button type="button" onclick="greet( 'Good evening!' )">晩</button>
</body>
</html>
```

HTML編では、いろいろなHTML要素を説明していますが、それらは次のように表記しています。要素の名称（下の例では**head**）があり、その右横に使用するタグを示しました。説明は、その下に続きます。

▶ **head**　　　<head>..内容..</head>

- head要素には、ヘッダ情報が含まれます。
- head要素内に、titleタグでページのタイトルを必ず指定することになっています。

JavaScript編では、次のような形で文や関数を説明しています。

▶形式

```
if( 式 ) 文1                (A)
または
if( 式 ) 文1 else 文2       (B)
```

- (A)の形式では、式の値がfalseのときは何もしません。
- (B)の形式では、式の値がtrueのときは文1を、falseのときは文2を実行します。
- 文1や文2が2つ以上の文を含むときは、"{"と"}"で囲まなければなりません。
  1つだけのときでも囲んでも構いません。むしろ、その方が文を追加したときの囲み忘れを避ける意味で安全です。

本文のほか、次のような囲み記事があります。

Tip うまいやり方や、トラブルを避けるためのコツをまとめました。

NOTE 関連することがらを、さらに詳しく説明しています。

用語
新しい用語の意味を説明しています。

楽しく効率良く、勉強してもらえるよう願っています。

Contents

第2部 JavaScript編

第1部
HTML編

1 Webとは

1.1 Web

Web（ウェブ）というのは「クモの巣」のことです。コンピュータの世界でWebというと、"World Wide Web"（WWW）の通称で、クモの巣のように世界中に張り巡らされたコンピュータのネットワークを指します。なお、インターネットという言葉もありますが、これは機器環境を念頭に置いた言葉であり、Webはこれから説明するHTML文書などによる情報網を意識した言葉です。

Webブラウザ（Web browser；以下、ブラウザ）は、Webページを見るときに使う閲覧ソフトのことで、Chrome、Firefox、Internet Explorerが有名です。Webサーバは、ブラウザからの閲覧要求に応じてWebページを送り出すコンピュータです。ブラウザからの閲覧要求はたいてい、Webページ上のリンクをクリックしたときに送り出されます。HTMLのHTはHyper Textを意味していて、それがこのリンクを含むテキストのことです。

用語

WebページとHTML文書

Webページという言葉はWeb環境を念頭に置いています。そのため、本書の例題のようにPC上のローカルファイルに保存されている場合には違和感があります。そのため以下ではHTML文書と呼ぶことにします。

ところで、コンピュータを構成する要素をハードウェアとソフトウェアに分けることがあります。ハードウェアは物理的な実体をもつものですが、ソフトウェアはプログラムなど論理的な要素です。細かく見ると判断に迷うこともありますが、「通信線で送れるものはソフトウェア、送れないものがハードウェア」と考えると的確に判断できます。

コンピュータの世界では、「インターネット」と「Web」のように、ハードウェアに注目するかソフトウェアに注目するかで、呼び方が異なることがしばしばあります。WebサーバとWebサイトもその1つです。Webサーバはハードウェア、Webサイトは内容情報に注目した呼び方で、1つのWebサーバが複数のWebサイトを担っていたり、逆に複数のWebサーバで1つのWebサイトを構築していたりします。

1.2 Webページ

PCやスマートフォンを使ってWebサイトを見るのは、ごく普通のことになりました。多くの人が検索サイトで記事を探したり、ショッピングサイトで買い物をしていますし、SNS（Social Networking Service）サイトでは、世界中の人があらゆる言語を使って交流しています。そこでは、誰でもブログ（blog；Web log）などを用いて情報発信ができ、有名人のブログには多数のフォロワー（読者）がいることもご存知の通りです。

先にWebページの多くはHTMLという言語で書かれていると述べましたが、そのことを見ておきましょう。

例題 1-1

次のようにして、Webページがどのように記述されているかを自分の眼で確かめなさい。

1. ブラウザを起動して、任意のWebページを表示します。
2. Webページの余白部分を右クリックして、［（このページの）ソースの表示］を選びます。

よく分からないテキストが大量に表示されますが、実は単純な構造をしています。説明のため、あるWebページの骨格を次に示します。

```
<!DOCTYPE html …>
<html>
  <head>
    …
    <title> Online radio that accurately reflects your tastes</title>
    <script type="text/javascript" src=…></script>
  </head>
  <body>
    …
    <script type="text/javascript">
      …
    </script>
  </body>
</html>
```

最初と最後にhtmlと書かれたタグがあるのを見てください。タグとは、"<"と">"で挟まれた標識のことです。<html>のような「<なんとか>」型は開始タグ、</html>のような「</なんとか>」型は終了タグです。開始タグと終了タグで範囲を示します。

headやbodyも見つけてください。htmlはhead部とbody部で構成されています。また、<title>と</title>で挟まれた部分がタイトルです。タイトルの文字列がブラウザのタブに表示されていることが確認できます（タグと紛らわしいのですが、タブはブラウザの画面に対応する見出しのことです）。

一般に、表示されるソースはとても読みにくいのですが、ここでは<title>から</title>までがタイトル、<head>から</head>までがヘッダ部、<body>から</body>までが本体というように、タグで区切られていることを確認してください。

HTMLはHyperText Markup Languageのことで、HyperTextは他のテキストへのリンクを含んだテキストのこと、Markupは上で見たように「どこからどこまでが、何々です」のしるしをつけることです。

ブラウザは、HTMLの内容に従ってWebページを表示していることは分かったと思いますが、このHTMLはインターネット上のどこかのWebサーバから送られてきたものです。どこから送られてきたかはブラウザのアドレスバーに「http://www.example.co.jp」のような形で表示されています。

先頭にあるhttpやhttpsはサーバとブラウザがやり取りするときの手順を示しています。HTTPはHyperText Transfer Protocolのことであり、HTTPSのSはsecure（安全な）です。protocolという言葉はもともと入学式など式典の進め方（式次第）を示すもので、定められた手順のことです。つまり、サーバとブラウザのやり取りはHTTPまたはHTTPSという手順に従って行われるのです。なお、HTTPSでは安全性を確保するため、サーバの認証や通信内容の暗号化手順が含まれています。

本書の例題では、PC上のファイルにHTMLソースコード（人が読み書きできるテキスト）を用意して、ブラウザで表示します。サーバを使わないので、httpやhttpsという手順も使いません。

1.3 簡単な例

HTMLの雰囲気を知るために、ごく簡単な例を試しましょう。プログラミング言語の世界では、その雰囲気を知るために単に「Hello world」と表示するだけのプログラムがよく用いられます。Hello worldというメッセージに特に意味はなく、要は非常に簡単なことを通じて雰囲気を感じ取ってくださいということです。

プログラムの入力にはテキストエディタを使います。テキストエディタは文字列を入力したり修正したりするプログラムで、Windows環境ではメモ帳など多くのものが使えます。ただし、Microsoft Wordのように文字の大きさや色、書体などを指定できる文書作成ソフトとは別なものですから注意してください。実習を始めるにあたり、作業場所に使うフォルダを作っておくと管理がしやすいでしょう。

次の例題では、タグを指定せずにメッセージだけを入力したものをブラウザに表示します。

例題 1-2

HTMLタグを全く含まないテキストは、ブラウザでどのように表示されるか試しなさい。

1. テキストエディタを起動して、
   Hello world
   とだけ入力しなさい。
2. 入力したらファイル名を指定して保存します。
   HTML文書のファイル名には".html"という拡張子をつけます。".htm"でも構いません。ここでは"ex1-2.html"とします。
3. ブラウザを起動し、保存したファイルを開きなさい。
   Ctrl+O（Ctrlキーを押したままで英字のOキーを押す）で、ファイルを指定できます。
   Internet Explorerでは、さらに［参照］を押します。

HTMLのタグがなくても、入力したメッセージがブラウザに表示されたはずです。これは、ブラウザがうまくみなし解釈をしてくれた結果なのです。すなわち、ブラウザはHTMLで書かれた記事としてファイルを読みますが、タグがありませんでした。それでも、それらがあると仮定して解釈を続けた結果です。このように、ブラウザはHTMLに誤りがあっても、できるだけ内容を表示しようと頑張ってくれます。

次に、正しい書き方の例を示します。下線を引いた部分だけが記事で、その他はHTMLタグです。

▶ ex1-2.html

```
<!DOCTYPE html>
<html>
  <head>
    <meta charset="UTF-8">
    <title>世界よ！こんにちは</title>
  </head>
  <body>
    Hello world
  </body>
</html>
```

基本形はこのような形をしていて、下線の部分が記事内容です。<html>と</html>、<head>と</head>、<title>と</title>、<body>と</body>がそれぞれ対になっていますね。

開始タグと終了タグの対応が分かりやすいように、行の先頭に半角の空白を入れて字下げしています。字下げは見やすくするための工夫で、HTMLコードとしての意味はありません。

もう一度、例題1-2のファイルを開いて、上のように修正しましょう。

例題 1-3

HTMLタグを使って正しく書いたHello worldをブラウザで表示しなさい。

1. テキストエディタで例題1-2のファイルを開きます。
2. 上の正しいコードの内容に修正します。
3. 修正したら上書き保存します。
4. ブラウザで「F5キー」または「ページの再読み込みボタン」を押し、上書きした内容で表示し直します。

表示内容を確認してください。修正しても見え方は変わらないので、がっかりするかもしれません。この例題はHello worldを表示するだけでしたが、通常のWebページはいろいろな要素で構成されるため、タグなしでは記述できません。要素とはたとえば、他のページへのリンク、表、ボタン、表示用の区画などです。それらを指定するためにタグが必要になるのです。タグの書き方は順に説明しますが、誤りのないよう、正しいHTMLを書くようにしてください。

1.4 歴史

HTMLの発祥の地は、CERN（セルン、欧州原子核研究機構）です。CERNは、近年ではヒッグス粒子の存在を確認するために使用した大型加速器で注目を浴びた場所です。1980年にはすでにティム・バーナーズ＝リー（Tim Berners-Lee）がCERNの研究者のための文書共有の仕組みとして、Webのアイデアを持っていましたが、彼がそれをWebとHTMLにまとめ上げたのは1989年とされています。

1994年にTim Berners-LeeがCERNを去るとき、WWW（World Wide Web）の標準化機関としてW3C（World Wide Web Consortium）が設立され、それを米国のMIT（Massachusetts Institute of Technology、マサチューセッツ工科大学）に移った彼が率いています。HTMLの規格はW3Cが提言しています。

HTMLは、HTML2.0（1994年）、HTML3.2（1997年）、HTML4.01（1999年）、HTML5（2014年）などの版を通じて拡張や改良が重ねられてきました。

当初から原則として、HTMLは文書を構成する要素のセマンティクス（semantics、意味論的な位置づけ）に応じてタグをつけることで構造を示し、ブラウザは文書を構成する要素のセマンティクスに応じてレイアウトや表示体裁を決めるという役割分担でした。しかし、HTML文書の表示スタイルを指定したいという要求が強く、HTMLタグでレイアウトや表示体裁を指定できる方向に機能強化が進んだ結果、当初の原則が不明瞭になりました。HTML5ではその是正が図られました。

用語

HTML5

HTML4からHTML5に移るとき、audioやvideoなどのメディア要素や、グラフィック出力ができるcanvasが追加されました。また、ブラウザがサイトごとの情報を保存する仕組みであるcookieはWebストレージに形を変え、多くの問題に対策が施されました。その後も、スマートフォンによるWebサイト閲覧に配慮してpicture要素が追加されるなど、利用環境の変化に対応するために継続的に改訂作業が続けられています。現行バージョンは2017年12月にW3Cから勧告が出されたHTML5.2ですが、2018年3月にはHTML5.3の草案が公開されました。草案は勧告候補、勧告案を経て勧告となります。

HTMLの主なバージョン

2 HTMLの基礎知識

2.1 構造タグ

タグに注意して、Hello worldをもう一度見てください。ここに用いているタグは、HTML文書の骨組みを作ります。

▶ ex1-2.html（再掲）

```
<!DOCTYPE html>
<html>
  <head>
    <meta charset="UTF-8">
    <title>世界よ！こんにちは</title>
  </head>
  <body>
    Hello world
  </body>
</html>
```

ここに現れるDOCTYPE、html、head、bodyが、HTMLの構造を作るタグです。例外なくこの形が基本になります。この構造を図にすると、次のようになります。

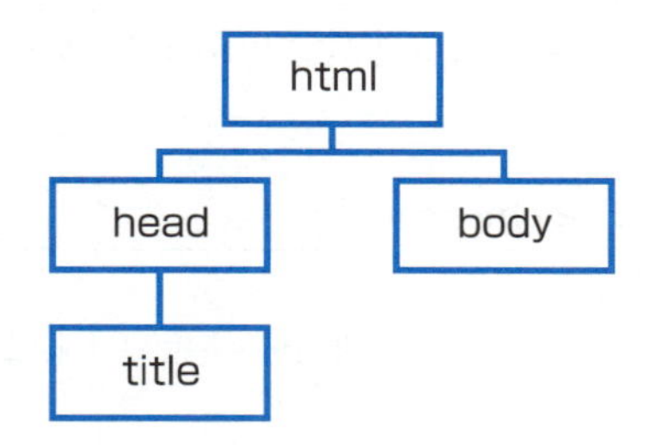

html要素にheadとbodyが含まれ、head要素にtitleが含まれています。

開始タグと終了タグの桁位置を揃え、中身を字下げしてあるのは見やすくするためであり、文法上の意味はありません。字下げの仕方にも決まりはありませんが、いつも読みやすく書くようにしましょう。

NOTE タグの入れ子構造

開始タグから終了タグまでがHTML要素の範囲です。要素の中に別な要素が含まれるとき、子の要素全体が親の要素に含まれていなければなりません。つまり子の要素の終了タグは、親の終了タグよりも先になければなりません。

```
    <html>
      <head>
        <meta charset="UTF-8">
        <title>世界よ！こんにちは</title>
      <body>
誤り！ </head>
          Hello world
      </body>
    </html>
```

HTML文書の構造を作るときに使うタグを紹介します。

▶DOCTYPE　`<!DOCTYPE html>`

- ドキュメント（文書）タイプがHTMLだという宣言です。この宣言自体はHTMLタグではありません。HTML 4.01には長々と複雑な指定がありましたが、とても簡単になりました。W3CはHTML5でこの形を使うべきだとしています。

▶html　`<html>..内容..</html>`

- HTML文書であることを示します。HTML文書にはhead要素があり、そのあとにbody要素が続きます。

▶head　`<head>..内容..</head>`

- head要素には、ヘッダ情報が含まれます。
- head要素内に、titleタグでページのタイトルを必ず指定することになっています。

▶body　`<body>..内容..</body>`

- body要素には文書の本体が含まれます。

2.2 使用する文字について

● タグは半角文字で書く

HTMLのタグはすべて半角文字で書かなければなりません。簡単に言うと、半角文字は英字や数字のことで、全角文字は漢字のことですが、漢字領域にも英字や数字が含まれているので、英数字はすべて半角文字だとはいえません。なお、メモ帳のようなテキストエディタの画面上では、半角文字は全角文字の半分の幅で表示されます。

同じ文字なら全角でも半角でも見た目は大きく違いませんが、コンピュータにとっては全く別な文字です。そのため、HTMLのタグに全角文字が含まれていると、タグとして解釈されません。また、スペースにも全角と半角がありますが、全角空白は通常の文字扱いになるので、字下げには半角のスペースかTabキーを使ってください。

● タグには英小文字を使う

HTMLのタグでは、英大文字と英小文字の区別をしないことになっているので、HTMLタグは大文字で書いても小文字で書いても構いません。しかし、W3CではHTML 4以降は小文字で書くことを薦めています。HTML5にはXHTMLという言語も含まれていますが、このXHTMLもHTMLと同じタグを使用します。ところがXHTMLではタグを小文字で書くことになっているのです。HTMLがどちらでもいいなら、XHTMLに合わせましょうということです。ただし、DOCTYPEは大文字で書きます。

● 文字コード

コンピュータの内部では、1つ1つの文字が整数値で表現されています。ところが、その割り当て方はひと通りではなく、その割り当て方につけた名前を文字コードといいます。Windows環境のメモ帳で文字コードを指定せずに保存すると、Shift_JISという文字コードで保存されます*1。ほかにも多数の文字コードが存在します。UTF-8*2がよく使われますので、本書の学習ではUTF-8で保存しましょう。

また場合によっては、特定の1つの文字に割り当てられている整数値を指して文字コードということもあります。次に、いくつかの文字の文字コードを示しました。このように、半角英数字に割り当てられている値は同じですが、全角文字(次の例の「か」や「な」)の値は違っています。

文字コードは文字ごとに割り当てられている

(例)「AB12かな」の文字コードは？

	A	B	1	2	か	な
shift_JIS だと	41,	42,	31,	32,	82A9,	82CB
EUC-JP だと	41,	42,	31,	32,	A4AB,	A4CA
UTF-8 だと	41,	42,	31,	32,	E3818B,	E381AA

文字コードに関連して、文字セット(character sets)とか、文字エンコーディング(character encodings)という言葉があります。文字セットは文字の集合、つまりどんな文字を含むかを定めたものであり、文字エンコーディングは、それらの文字にどの整数値を割り当てるかを定めるものです。

HTMLの文書で用いる文字はUnicodeという規格が基本になっていて、Unicodeは文字セットと文字エンコーディングを定めています。UTF-8はその中で定められている文字エンコーディングの1つです。Unicodeには、そのほかにもUTF-16やUTF-32などいくつもの文字エンコーディングがあります。

HTMLはUnicodeを基本にしていますが、それはブラウザがUnicodeだけに対応すべきだという制約

*1　メモ帳ではShift_JISという名称の代わりにANSIという名称が使われています。
*2　名称に含まれる横線のうち、Shift_JISは下線ですが、UTF-8やEUC-JPはハイフンです。

ではないので、Unicodeの文字セットに対応できるならどんな文字コードでも使えます[*3]。

ブラウザには文字コードの自動判定機能があって、Shift_JISやEUC-JPでもたいていは正しく表示されますが、いつも正しく判定できる訳ではありません。ブラウザが判定を誤ったときには、いわゆる「文字化け」が起こり、意味不明の文字列が表示されます。これを避けるため、HTML文書では常に使用する文字コードを指定しておくべきです。

文字コードの指定は、自動判定される前に分かるようにhead部の最初でmetaタグを使って指定します。metaタグには終了タグがありません。

```
<head>
  <meta charset="UTF-8">
  <title>世界よ！こんにちは</title>
</head>
```

metaタグの形式は次の通りです。

▶meta　　　<meta 属性="..">

- HTML文書に関するメタ情報を指定します。
  ここでのメタ情報は、内容そのものではなく、どんな文書かという情報のことです。
- メタ情報の種類は属性名で、値は属性値で指定します。
  上の例では、charsetという属性を使って文字コードを指定しています。このほかに、Webページの内容を説明する文や、キーワード、著者、更新日付などを指定できます。
- このタグには終了タグがありません。

NOTE　タグの形式

HTMLタグはHTML要素を記述するために用いますが、終了タグのあるものとないものがあります。終了タグがあるときは、開始タグと終了タグの間に書かれたものがそのタグ要素の内容です。ですから、終了タグを持たないタグには要素の内容もありません。
開始タグでは、タグ名のあとにいろいろな指定ができます。これを属性と呼びます。metaタグのcharsetも属性の1つです。

2.3 見出しと本文

記事の書き方から始めましょう。記事の本文は、body部の内容としてじかに書くこともできますが、<p>と</p>で挟んでパラグラフとして書くと周囲にスペースができて読みやすくなります。あとから表示スタイルを変更するときにも便利です。

▶p　　　<p>..内容..</p>

- 前後で改行されて、1つのパラグラフ(段落)を作ります。

＊3　後述する一部の診断機能にはUTF-8が望ましいというメッセージが表示されるものがあります。

- 例

```
<body>
  <p>パラグラフにすると、周囲に空白スペースができます。</p>
</body>
```

記事の見出しは、<h1>…</h1>から<h6>…</h6>までの6種類のタグを使って指定します。h1が最大の見出しで、h6は一番小さい見出しです。

▶h1　　<h1>..内容..</h1>

- 見出し行です。h1のほかにh2、h3、h4、h5、h6があります。
- 例

```
<body>
  <h1>一番大きい見出し</h1>
  <h2>その次に大きい見出し</h2>
  <h3>その次に大きい見出し</h3>
  <h4>その次に大きい見出し</h4>
  <h5>その次に大きい見出し</h5>
  <h6>一番小さい見出し</h6>
</body>
```

Webページ全体のタイトルはtitleタグで指定します。titleはhead部に必ず必要です。

▶title　　<title>..内容..</title>

- ページの表題を指定します。
- 例

```
<head>
  <title>HTML+JavaScriptによるプログラミング入門</title>
</head>
```

HTMLのコメントは次の形式です。

▶コメント　　<!--..コメント..-->

- 注釈です。コメントの途中で改行しても構いません。
  コメントはブラウザに表示されず、属性も持ちません。
- 覚え書きや注意書きを残すのに使います。HTMLコードの一部を一時的に無効にするために使うこともあります。
- コメントは他のタグを書ける場所なら、どこにでも書けます。なお、titleの内容にはタグを書けないので、titleテキストの途中にコメントを書くことはできません。
- 例

```
<body>
  <p>最初のパラグラフです。</p>
<!-- ここから
  <p>未完成のパラグラフです。</p>
  <p>仮のパラグラフです。</p>
ここまで無視されます -->
</body>
```

- コメントを入れ子にすることはできません。次のように書くと、下線を引いたところが無視されるので、「外側のコメントの後半 -->」の部分が有効なHTMLコードとして解釈されてしまいます。
- 誤りの例

```
<!-- 外側のコメントの前半
<!-- 内側のコメント -->
外側のコメントの後半 -->
```

次の例題で、見出しとパラグラフを実際に試してみましょう。

例題 2-1

先の例題Hello worldに、「h1からh3、p、コメント」の各タグを用いて記事を追加しなさい。そして、それらのタグがどのように表示されるかを確かめなさい。

ファイル保存後、「F5キー」または「ページの再読み込みボタン」を押しなさい。

解答例

この例では、段落の内容に含まれる半角の空白や改行がどのように表示されるかも併せて調べています。紙面では確認できませんが、パラグラフの内容に含まれている空白は半角の空白です。

ex2-1.html

```
<!DOCTYPE html>
<html>
  <head>
    <meta charset="UTF-8">
<!--
    <title>世界よ！こんにちは</title>
-->
    <title>ページのタイトル</title>
  </head>
  <body>
<!--
    Hello world
-->
    <h1>見出し1</h1>
    <h2>見出し2</h2>
    <h3>見出し3</h3>
    <p>パラグラフ1行目              123
       パラグラフ2行目
       パラグラフ3行目
 456</p>
    <p>2つめのパラグラフ
    </p>
  </body>
</html>
```

ex2-1.htmlは次のような形にマークアップされています。

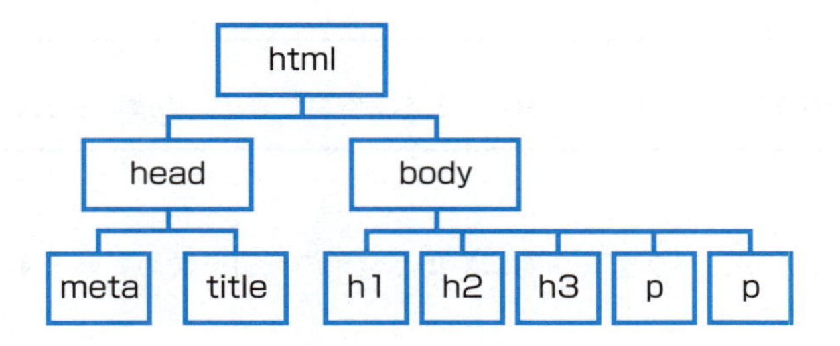

構造を作るタグhtml、head、bodyと、titleは1ページに1つだけです。bodyの中は、いろいろなタグを自由に使って記事を書くことができます。ブラウザの表示は次のようになります。

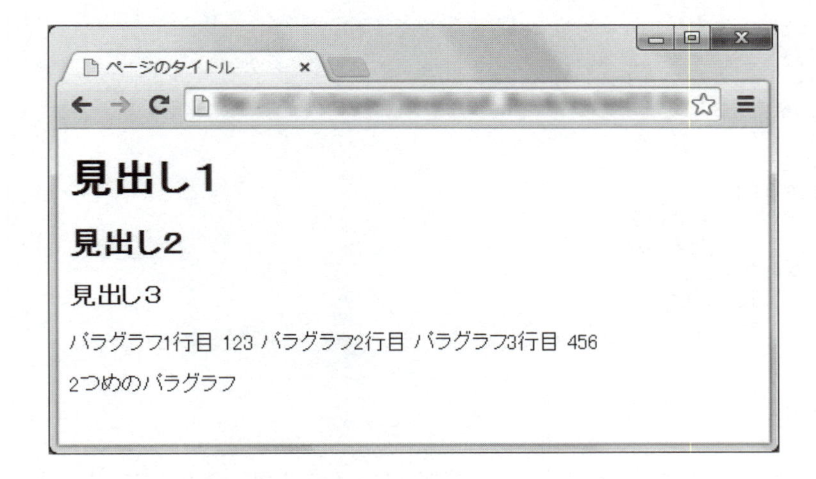

段落の<p>～</p>や見出し<h1>～</h1>などの前後では自動的に改行され、それらのまとまりが分かるように表示されます。逆に、HTMLコードに含まれる改行は1つの空白に置き換えられます。改行や空白が連続していても同じです。できれば、いろいろと試してみましょう。

HTML文書の記事で改行するには、brタグを用います。

**br　　　　　
**

- テキストの途中で改行します。終了タグはありません。brはline breakのことです。
- 段落間の空きをとるために「

」とするのは誤りです。段落にはpを使います。
- 例

```
<body>
行の途中ですが、<br>ここで改行されます。
</body>
```

次の例題では、全角空白とbrの取り扱いを調べます。

例題 2-2

先の例題で作成したHTMLを基にして、全角空白と半角空白の表示上の違いやbrの働きを調べなさい。

解答例

紙面では確認できませんが、パラグラフ内に半角と全角の空白を含めています。

▶ ex2-2.html

```
<!DOCTYPE html>
<html>
  <head>
    <meta charset="UTF-8">
    <title>全角空白とbr</title>
  </head>
  <body>
    <h1>全角空白とbr</h1>
    <p>
パラグラフ<br>
連続する半角の空白
                            半角の空白
                            行末<br>
連続する全角の空白
　　　　　　　　　　全角の空白
　　　　　　　　　　行末<br>
    </p>
  </body>
</html>
```

半角の空白は連続していても1つの空白として取り扱われますが、全角の空白は普通の全角文字と同じように表示されます。

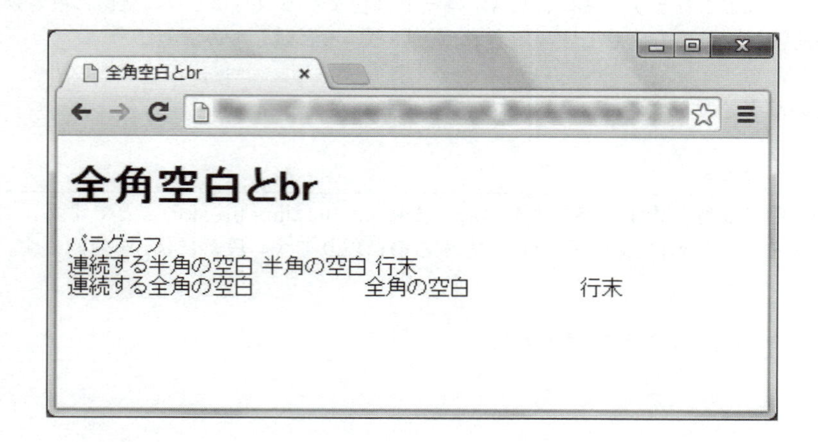

3 よく使うタグ

3.1 テーブルの例題

ここではテーブルを題材とし、属性、スタイル、色表現を併せて説明します。

● テーブル

テーブルとは、「表」のことです。簡単な表を作って、テーブルの基本形を覚えましょう。

例題 3-1

簡単なテーブルを作ります。
次のHTMLコードをファイルに保存し、ブラウザで表示しなさい。

▶ ex3-1.html

```
<!DOCTYPE html>
<html>
<head>
  <meta charset="UTF-8">
  <title>テーブルの例</title>
</head>
<body>
<table>
<caption>主なバージョン</caption>
<tr>
  <th>バージョン名</th>
  <th>勧告年</th>
</tr>
<tr>
  <td>HTML2.0</td>
  <td>1994</td>
</tr>
<tr>
  <td>HTML3.2</td>
  <td>1997</td>
</tr>
<tr>
  <td>HTML4.01</td>
  <td>1999</td>
</tr>
</table>
</body>
</html>
```

table要素の中にtr要素があり、tr要素の中にtd要素が含まれるなど、タグの入れ子が深くなってきました。上のHTMLコードでは、それにつれて字下げが大きくなりすぎないように調整しています。

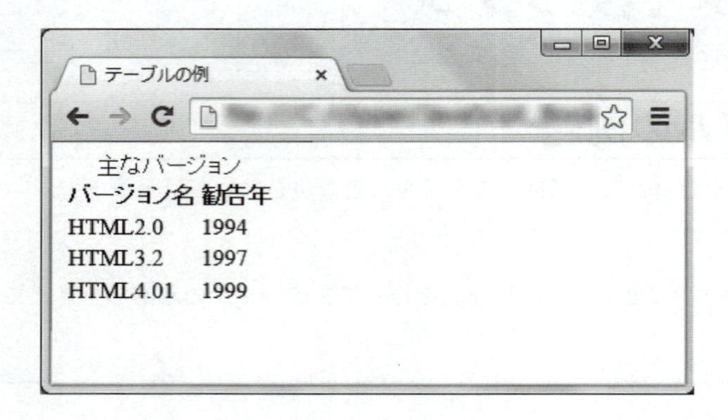

ちょっと、がっかりするようなテーブルが表示されますが、最も簡単な形です。HTMLコードとブラウザの表示内容を見比べて、よく理解してください。

ex3-1.htmlに含まれる要素は、次の図のような構造になっています。

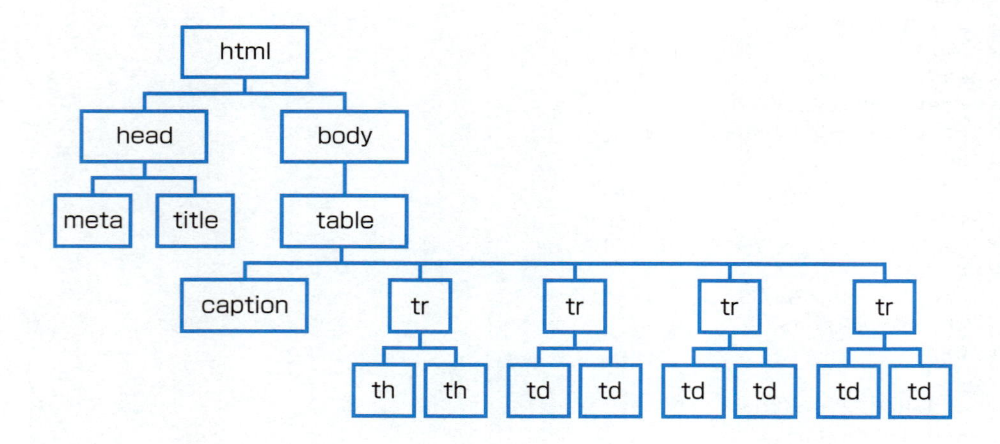

テーブルのマス目をセルと呼びます。セルは、見出しthまたはデータtd要素で表現されます。1行分のセルがtr要素にまとめられ、trを積み上げてtableを構成します。このことを頭に入れて、以下の説明を見てください。

▶table　　<table>..内容..</table>

- テーブル要素を示します。
- 例
  下で、他の要素の例に含めます。

▶ caption　<caption>..内容..</caption>

- テーブルの表題を指定します。
- 例

```
<table>
<caption>主なバージョン</caption>
</table>
```

▶ tr　<tr>..内容..</tr>

- テーブルの行table rowを示します。
- 例

```
<table>
<tr> 行の内容(thやtdで指定します) </tr>
<tr> 行の内容(thやtdで指定します) </tr>
…
</table>
```

▶ th　<th>..内容..</th>

- テーブルの項目の見出しtable headerです。見出しは太字で中央揃えに表示されます。
- 例

この例ではテーブルの1行目にthを並べましたが、縦1列に並べたり、テーブルの途中に書くこともできます。

```
<table>
<tr>
<th> 項目の見出し </th>
<th> 項目の見出し </th>
…
</tr>
</table>
```

▶ td　<td>..内容..</td>

- セルの中身table dataを指定します。
- 例

```
<table>
<tr>
<td> 項目の内容 </td>
<td> 項目の内容 </td>
…
</tr>
</table>
```

テーブルの行数はtrタグの数で決まり、列の数はtr要素に含まれるthやtdタグの数で決まります。先の例題では4行×2列のテーブルを作りましたが、次の例題ではそのテーブルに行と列を追加します。

例題 3-2

先の例題のテーブルの5行目に次のセルを追加しなさい。セルの内容は、「HTML5」、「2014」、「大規模改定」とします。

tableの最後にtr要素を追加します。それまで、各行は2つのセルを含んでいましたが、最後の行は3つのセルを含んでいます。表全体の領域は、最も列数の多い行に揃えられ、5行×3列となります。

▶ ex3-2.html

```
<!DOCTYPE html>
<html>
<head>
  <meta charset="UTF-8">
  <title>テーブルの例</title>
</head>
<body>
<table>
<caption>主なバージョン</caption>
<tr>
  <th>バージョン名</th>
  <th>勧告年</th>
</tr>
<tr>
  <td>HTML2.0</td>
  <td>1994</td>
</tr>
<tr>
  <td>HTML3.2</td>
  <td>1997</td>
</tr>
<tr>
  <td>HTML4.01</td>
  <td>1999</td>
</tr>
<tr>
  <td>HTML5</td>
  <td>2014</td>
  <td>大規模改定</td>
</tr>
</table>
</body>
</html>
```

● 属性（Attributes）

属性は開始タグの中に指定できるいろいろな付加情報です。指定できる属性はそれぞれのタグごとに決まっています。たとえばtableタグにはborderという属性があります。これを使って、テーブルに縦横の罫線（ボーダー）を入れることにします。

<table border="1">	border属性に指定するのは、ボーダーが必要("1")か不要("")かだけ。 border属性の指定を省くと、ボーダーは表示されない。

HTML5では、表示スタイルをHTMLタグではなく、スタイルシートで指定するように改められています。これまで、タグの属性で表示スタイルを指定するものが多くありましたが、その多くが廃止されています。

例題 3-3

ex3-2.htmlのtableタグにborder属性を指定して、罫線を表示しなさい。

テーブルに罫線が表示されましたか？

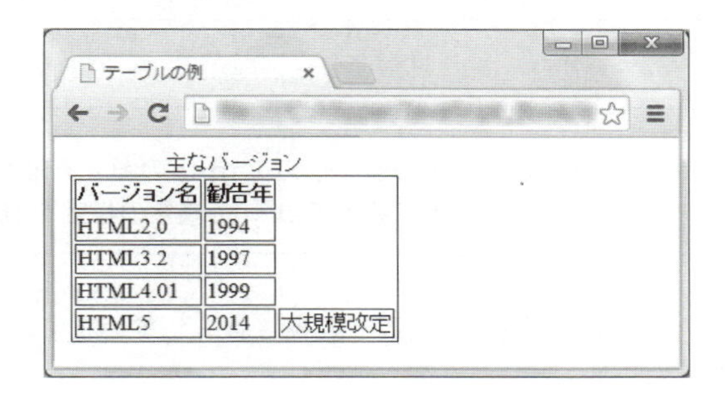

バージョン名	勧告年	
HTML2.0	1994	
HTML3.2	1997	
HTML4.01	1999	
HTML5	2014	大規模改定

2重線として表示されますが、これは隣り合うセルの枠線が離れているからです。あとの例題で、くっつける方法も示します。なお、行によってセル数が異なるので一部で表示が乱れたように見えますが、空のセルを追加して列数を揃えると改善できます。

NOTE 属性の指定

<table border=1>ではなく、<table border="1">と書きましょう。
属性は開始タグの中に、「name="value"」のペアで指定します。属性値は二重引用符(")または単引用符(')で挟みます。属性値が二重引用符を含むときは単引用符で挟み、逆に単引用符を含むときは二重引用符で挟みます。
属性値が英字、数字、ハイフン(-)、ピリオド(.)、下線(_)、コロン(:)だけから成るときには、引用符を省くことができますが、W3Cは常に指定するよう薦めています。

● スタイルとプロパティ

style属性を使うと、後述するスタイルシートの形式で、ボーダーの線幅や線種など多様な指定ができます。style属性は、どのHTMLタグにでも指定できる属性(グローバル属性)です。次に例を示します。

```
<table border="1" style="border-width:5px; border-style:dotted">
```

style属性の内容として指定する項目をプロパティと呼びます。プロパティの名前と値は、等号（=）ではなく、コロン（:）を使って「name:value」のように指定します。また、複数の値（プロパティ）を指定するときは、セミコロン（;）で区切ります。セミコロンは複数のプロパティ指定を区切るためのものなので、（書いても問題ありませんが）最後のセミコロンは必要ありません。

プロパティは非常にたくさんありますが、ボーダーに関して次の3つを試します。

border-width	線幅を指定する。 thin（細）、medium（中）、thick（太）または10pxのように画素数で指定する。
border-style	線種を指定する。 none（無）、dotted（点線）、dashed（破線）、solid（実線）などが指定できる。
border-collapse	隣接するセルの枠線の描き方を指定する。 collapse（くっつける）、またはseparate（離す）のいずれかを指定する。

例題 3-4

border-width、border-style、border-collapseの働きを確かめます。
ex3-2.htmlで、tableタグのborder="1"に続けてstyle属性の指定を追加しなさい。

style属性の指定に誤りがあると、黙って丸ごと無視されてしまいます。思うように表示されないときは指定の仕方を調べてください。

▶ ex3-4.html

```
<!DOCTYPE html>
<html>
<head>
  <meta charset="UTF-8">
  <title>テーブルの例</title>
</head>
<body>
<table border="1" style=
  "border-width:thin;
   border-style:dashed;
   border-collapse:collapse">
<caption>主なバージョン</caption>
<tr>
  <th>バージョン名</th>
  <th>勧告年</th>
</tr>
<tr>
  <td>HTML2.0</td>
  <td>1994</td>
</tr>
<tr>
```

```
    <td>HTML3.2</td>
    <td>1997</td>
  </tr>
  <tr>
    <td>HTML4.01</td>
    <td>1999</td>
  </tr>
  <tr>
    <td>HTML5</td>
    <td>2014</td>
    <td>大規模改定</td>
  </tr>
  </table>
  </body>
  </html>
```

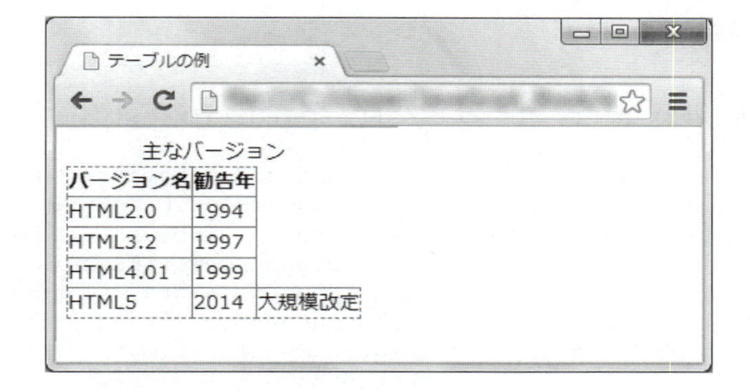

線幅はthin（細）、線種はdashed（破線）と指定したので、テーブルを囲む線が細い破線になりました。そして、セル間の枠線をcollapse（くっつける）と指定したので、先ほどの例題では離れて二重線のように見えていたセル間の枠線が重なりました。

上の例では、tableタグのstyle属性を指定したので、テーブルの外枠に適用されます。セル間の枠線は実線のままだったのはそのためです。同様に、tdタグのstyle属性として指定すると、そのセルだけに適用されます。そのことを次の例題で、確認しましょう。たとえば、セルの背景色を指定するにはstyle属性のbackground-colorプロパティを使います。

background-color	背景色を指定する。 色の指定方法はいくつかあるが、ここでは色の名前を使う。すべてのブラウザで使える色名として定められているものが140色ある。そのうちの17色が標準色で、それらは次の通り。 aqua、black、blue、fuchsia、gray、green、lime、maroon、navy、olive、orange、purple、red、silver、teal、white、yellow

● 標準色

テーブルの背景色の例題ですが、あわせて標準色を説明します。

例題 3-5

background-colorプロパティを使って、テーブルに標準色17色を表示します。

左側のセルに色名を表示し、その色を右側のセルの背景色にして並べます。次のHTMLコードをファイルに保存し、ブラウザで表示しなさい。

▶ ex3-5.html

```
<!DOCTYPE html>
<html>
<head>
  <meta charset="UTF-8">
  <title>標準色</title>
</head>
<body>
<table border="1" style="border-collapse:collapse">
  <caption>標準色</caption>
  <tr><td>aqua</td><td style="background-color:aqua"></td></tr>
  <tr><td>black</td><td style="background-color:black"></td></tr>
  <tr><td>blue</td><td style="background-color:blue"></td></tr>
  <tr><td>fuchsia</td><td style="background-color:fuchsia"></td></tr>
  <tr><td>gray</td><td style="background-color:gray"></td></tr>
  <tr><td>green</td><td style="background-color:green"></td></tr>
  <tr><td>lime</td><td style="background-color:lime"></td></tr>
  <tr><td>maroon</td><td style="background-color:maroon"></td></tr>
  <tr><td>navy</td><td style="background-color:navy"></td></tr>
  <tr><td>olive</td><td style="background-color:olive"></td></tr>
  <tr><td>orange</td><td style="background-color:orange"></td></tr>
  <tr><td>purple</td><td style="background-color:purple"></td></tr>
  <tr><td>red</td><td style="background-color:red"></td></tr>
  <tr><td>silver</td><td style="background-color:silver"></td></tr>
  <tr><td>teal</td><td style="background-color:teal"></td></tr>
  <tr><td>white</td><td style="background-color:white"></td></tr>
  <tr><td>yellow</td><td style="background-color:yellow"></td></tr>
</table>
</body>
</html>
```

各セルごとにstyle属性で指定した背景色が適用されていることが分かります。

セルの幅が狭くて色がよく分からないので、列の幅を指定することにしましょう。それにはcolタグを使います。

▶ col　　<col span=".." style="..">

- 列のスタイルを指定します。終了タグはありません。
  colタグを指定する位置は、captionがあればそのあと、最初のtrより前でなければなりません。
- span属性を使うと、左端から順に何列かをまとめて指定できます。

- 例

最初の2列は5cm幅、その次の3列は15cm幅で表示する

```
<col span="2" style="width:5cm">
<col span="3" style="width:15cm">
```

colの例に示したように、列幅の指定にはcolタグのstyle属性にwidthプロパティを指定します。

width	HTML要素の表示幅を指定する。 幅には、px（画素数）やcmを単位にして長さを指定したり、その要素を収めている入れ物の幅に対する比率を"%"で指定できる。単位や"%"と値の間に空白を入れてはいけない。

次の例題でこの方法を使ってセルの幅を確保することにしましょう。

例題 3-6

上に示した方法でセルの幅を5cmにしなさい。

▶ ex3-6.html

```
<!DOCTYPE html>
<html>
<head>
  <meta charset="UTF-8">
  <title>標準色</title>
</head>
<body>
<table border="1" style="border-collapse:collapse">
  <caption>標準色</caption>
  <col span="2" style="width:5cm">
  <tr><td>aqua</td><td style="background-color:aqua"></td></tr>
  <tr><td>black</td><td style="background-color:black"></td></tr>
  <tr><td>blue</td><td style="background-color:blue"></td></tr>
  <tr><td>fuchsia</td><td style="background-color:fuchsia"></td></tr>
  <tr><td>gray</td><td style="background-color:gray"></td></tr>
  <tr><td>green</td><td style="background-color:green"></td></tr>
  <tr><td>lime</td><td style="background-color:lime"></td></tr>
  <tr><td>maroon</td><td style="background-color:maroon"></td></tr>
  <tr><td>navy</td><td style="background-color:navy"></td></tr>
  <tr><td>olive</td><td style="background-color:olive"></td></tr>
  <tr><td>orange</td><td style="background-color:orange"></td></tr>
  <tr><td>purple</td><td style="background-color:purple"></td></tr>
  <tr><td>red</td><td style="background-color:red"></td></tr>
  <tr><td>silver</td><td style="background-color:silver"></td></tr>
  <tr><td>teal</td><td style="background-color:teal"></td></tr>
  <tr><td>white</td><td style="background-color:white"></td></tr>
  <tr><td>yellow</td><td style="background-color:yellow"></td></tr>
</table>
</body>
</html>
```

<col>を挿入する位置に注意しましょう。すなわち、captionがあるときはそのあとであり、最初のtrより前でなければなりません。

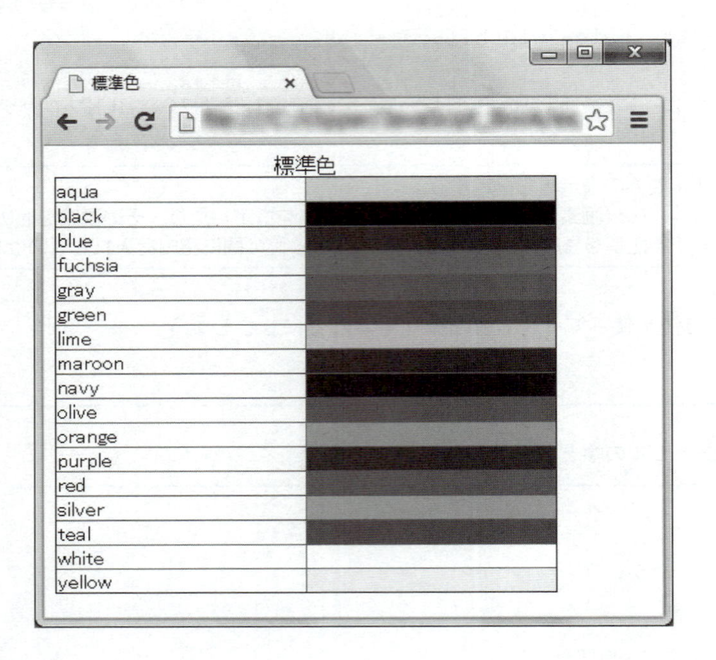

例題 3-7

span="2"を取ると、どうなるか試しなさい。

spanにはstyleを適用する列の数を指定します。指定がなければspan="1"と見なされます。

spanによる列数指定

<col style=". .">　spanなしなら1列だけにstyleを適用、span="1"と同じ

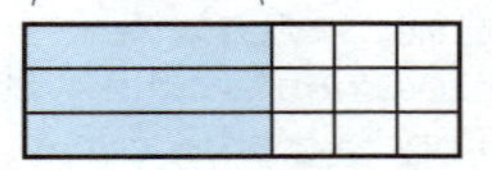

<col span="3" style=". .">　spanで指定した列数にstyleを適用

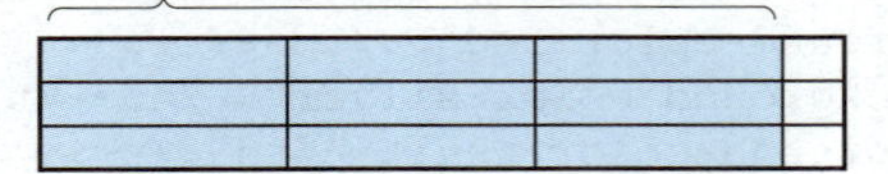

例題 3-8

widthの値や単位を変えてその働きを確かめなさい。たとえば、1列目のwidthを200px、2列目を300pxにします。

NOTE 比率によるwidth指定

50%のようにwidthを比率で指定するときは、bodyに対するtableの幅、table全体に対する列の幅というように、その要素を収めている要素の幅に対する比率となります。たとえば、<col>で比率を指定すると、その列を含んでいるテーブルの幅に対する比率と解釈されます。
テーブルの幅を指定しないときは、セルの内容に応じて調整されるので、テーブルの幅がページの表示幅と一致するわけではありません。

● 任意の色指定

コンピュータのディスプレイに表示する色は、3原色Red、Green、Blueの色成分の強さを使うことで任意の色を指定できます。色成分の強さは0から255までの256段階で表現します。1つの色成分の強度が256段階に変わるので、RGBの3成分では256 × 256 × 256で16,777,216色の表現が可能だという計算になります。1600万色のフルカラーというのはこのことです。人が見分けられるかどうかは別にして、計算上は制御できるというお話です。

通常は色成分の強度を16進数表現で、#00から#ffと表します。つまり、#00は0、#0fは15、#10は16、#ffが255のことです。たとえば、赤色は赤成分が最大の255(#ff)で、緑と青成分が0ですから、それぞれの色成分の強さをRed、Green、Blueの順に並べて、#ff0000と表現します。黒は#000000、白は#ffffffです。一般に、色成分の強度の差が大きいときは鮮やかな色になり、差がないときは無彩色(グレー)になります。

16進数表現の色成分強度が2桁とも同じ値のときは、短く書く方法が用意されています。たとえば#ffbb44は#fb4と書けます。

主な色の成分強度をまとめると、次のようになります。

色	赤強度	緑強度	青強度	16進表記	16進略記
赤	255	0	0	#ff0000	#f00
緑	0	255	0	#00ff00	#0f0
青	0	0	255	#0000ff	#00f
黒	0	0	0	#000000	#000
白	255	255	255	#ffffff	#fff

NOTE　3原色

コンピュータのディスプレイのように色がついた光を重ねて色を作る方法を加算混合、逆に色フィルタを重ねて色を作る方法を減算混合といいます。印刷インクを混ぜて色を作るのも減算混合です。これは、いろんな色の光を加えていくと明度が増し、いろんな色フィルタを重ねていくと(インクを混ぜていくと)、明度が減るからです。加算混合で色を作るときの3原色はRed、Green、Blue、減算混合の3原色はCyan、Magenta、Yellowです。

NOTE　Webセーフカラー

色をどう表現するかという問題とは別に、「HTML文書に指定された表示色の通りに、ディスプレイに表示できるのか」という問題があります。HTML文書はどんな装置に表示されるか分からないからです。そこで、色数を216色に限定して、この色なら大丈夫ということにしたのがWebセーフカラーです。
Webセーフカラーは、それぞれの色成分の強度が#00、#33、#66、#99、#cc、#ffのいずれかに限定された色で、216色あります。Webセーフカラーだけを使っていたら、どの装置に表示しても大きく色のイメージが変わることはないとされています。
Webセーフカラーのうち140色には、どのブラウザでも解釈できる色名がついていて、さらにその中の17色は標準色とされています。標準色は例題3-4で使いました。

次の例題では、色成分を用いた色指定を練習します。

例題 3-9

虹は、外側から赤、橙、黄、緑、青、藍、紫だといわれます。ex3-5.html を虹の各色を表示するように書き換えなさい。ただし、赤は#f00、橙は#fb4、黄は#fd0、緑は#080、青は#06c、藍は#249、紫は#62cとします。

▶ ex3-9.html

```
<!DOCTYPE html>
<html>
<head>
  <meta charset="UTF-8">
  <title>虹の七色</title>
</head>
<body>
<table border="1" style="border-collapse:collapse; width:200px">
  <caption>虹の七色</caption>
  <col style="width:30%">
  <col style="width:70%">
  <tr><td>赤</td><td style="background-color:#f00"></td></tr>
  <tr><td>橙</td><td style="background-color:#fb4"></td></tr>
  <tr><td>黄</td><td style="background-color:#fd0"></td></tr>
  <tr><td>緑</td><td style="background-color:#080"></td></tr>
  <tr><td>青</td><td style="background-color:#06c"></td></tr>
  <tr><td>藍</td><td style="background-color:#249"></td></tr>
```

```
  <tr><td>紫</td><td style="background-color:#62c"></td></tr>
</table>
</body>
</html>
```

この例では、色成分強度による色指定のほか、比率によるwidth指定を行いました。tableのwidthを200pxとし、その幅に対して1列目を30%、2列目を70%の幅としています。

色を指定するときには、名前を使う方法と色成分の強度を指定する方法を使いました。また、テーブルの幅を指定するときには、画素数を使ったり比率を使ったりしました。このように、表示スタイルの指定にはいくつかの方法が用意されています。

3.2 リスト

リストは箇条書き形式のことです。リストには、ol(オーエル)、ul(ユーエル)、dl(ディーエル)の3種類があります。olは順序つきリスト(ordered list)のことで、自動的に行頭に連番が振られます。ulは順序なしリスト(unordered list)のことで、各行頭には同じマークがつきます。dlは説明リスト(description list)のことで、項目名と説明文が含まれます。

● 順序つきリスト(ol)

リストに含まれる項目は、li(エルアイ、list item)タグで指定します。

```
<ol>
  <li>トマト</li>
  <li>イチゴ</li>
  <li>スイカ</li>
</ol>
```

これは次のように表示されます。

```
1. トマト
2. イチゴ
3. スイカ
```

● 順序なしリスト(ul)

違いはolタグがulタグになったことだけで、liタグは同じです。

```
<ul>
  <li>トマト</li>
  <li>イチゴ</li>
  <li>スイカ</li>
</ul>
```

これは次のように表示されます。

```
・ トマト
・ イチゴ
・ スイカ
```

● 説明リスト(dl)

dlの中では、項目名をdtで、説明内容をddで指定します。なおdlは、HTML 4.01では説明リスト(description list)ではなく、定義リスト(definition list)とされていました。つまり、用途を限定しなくなったということです。

```
<dl>
  <dt>トマト</dt>
    <dd>ナス科ナス属</dd>
  <dt>イチゴ</dt>
    <dd>バラ科オランダイチゴ属</dd>
  <dt>スイカ</dt>
    <dd>ウリ科スイカ属</dd>
</dl>
```

これは次のように表示されます。

```
トマト
    ナス科ナス属
イチゴ
    バラ科オランダイチゴ属
スイカ
    ウリ科スイカ属
```

● olとulの表示スタイル

順序つきリストや順序なしリストのタグのstyle属性に、次のようなプロパティを指定できます。

list-style-type	行頭の番号やマークの型を指定する。 upper-roman(ローマ数字)やlower-alpha(英小文字)、square(四角)やcircle(白丸)、none(なし)など、数多く用意されている。 指定しないと、olではdecimal(数字)、ulではdisc(黒丸)になる。
list-style-position	指定を省くと、outside(liで指定した文字列の左横)にマーカがつく。 insideに変更するとマーカが左に飛び出さない。
list-style-image	行頭の番号やマークの代わりに、ここで指定した画像データを使う。
list-style	上の3つのスタイルをまとめて指定することができる。 list-style-type、list-style-position、list-style-imageの順となる。

例題 3-10

テーブルに使うタグ名を連番をつけて列挙しなさい。ただし、タグ名は<table>のように、ブラケット("<"や">")で囲んだ表示とします。

HTMLのタグは、"<"と">"によって文書の内容と区別されています。そのため、文書の内容に"<"や">"が含まれていると混乱を生じるので、「文字参照」という表記法が用意されています。

用語

文字参照（Character entity references）

HTMLにおいて特定の機能を持つ文字を、単なる文字として書き表す方法を指します。代表的なものを次に示します。

<	<	less than
>	>	greater than
&	&	ampersand
（空白）		non-breaking space

"&"は文字参照で機能を割り当てられているので、単なる（機能を持たない）文字としての表記法が用意されています。また、連続する空白は1つに圧縮されてしまいますが、「 」は連続していても圧縮されず、途中で改行しないように配慮されます。
このほかにも、文字参照には多数の記号などが含まれていますが、よく使うのは特定の機能が割り当てられている文字の文字参照です。

▶ ex3-10.html

```
<!DOCTYPE html>
<html>
<head>
  <meta charset="UTF-8">
  <title>テーブルに使うタグ</title>
</head>
<body>
<ol>
  <li>&lt;table&gt;</li>
  <li>&lt;caption&gt;</li>
  <li>&lt;tr&gt;</li>
  <li>&lt;th&gt;</li>
  <li>&lt;td&gt;</li>
  <li>&lt;col&gt;</li>
</ol>
</body>
</html>
```

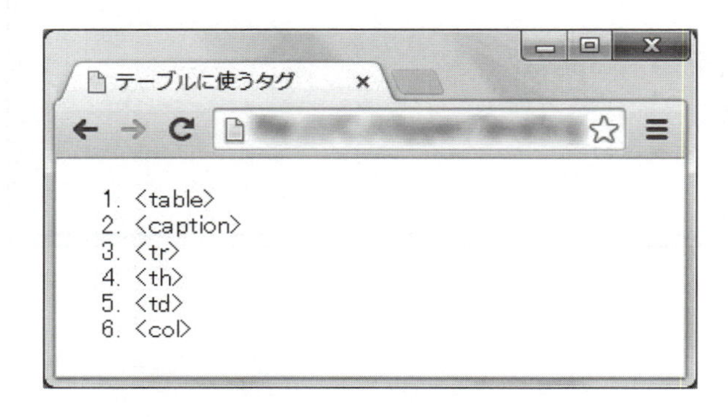

テーブルに関するタグ名が、< >つきでリスト表示されました。リストの通番は1から昇順に、<li>を書いた順に振られます。

例題 3-11

順序つきリストの番号をローマ数字に変更しなさい。

olの番号をローマ数字にするには、list-style-typeをupper-romanにします。次のように表示されます。

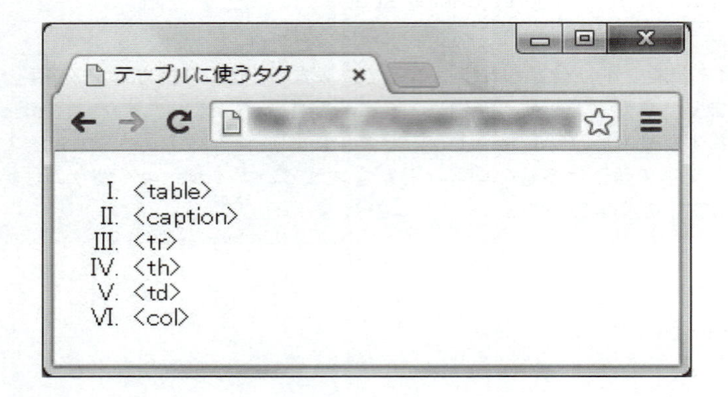

例題 3-12

順序つきリストを順序なしリストに変更しなさい。

olを順序なしリストulに書き換えます。終了タグの方も書き換える必要があります。次に、表示例を示します。

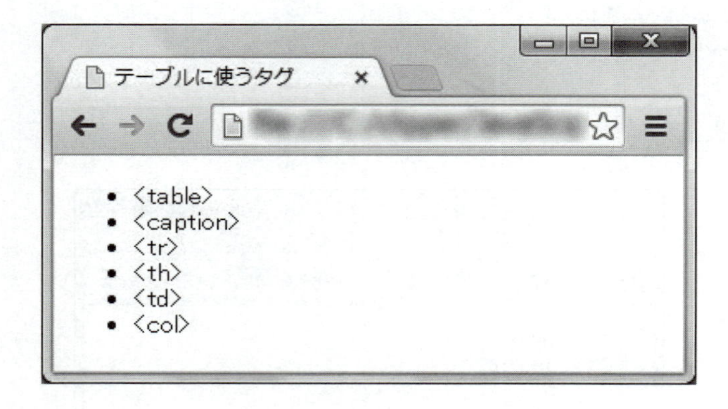

3.3 ハイパーリンク

Webページで、テキストのどこかをクリックして別な場所へ移動することがよくありますが、そのような仕組みをハイパーリンク(hyperlink)といいます。ハイパーリンクは、たいてい下線つきで表示されていて、マウスポインタをその上に載せると、テキストの色やマウスポインタの形が変わります。全世界につながるWorld Wide Webを成り立たせているのは、まさにこのハイパーリンクです。

ハイパーリンクを設定するには、aタグを使います。

▶a　　　　<a href="..">..内容..</a>

- 「..内容..」に指定したテキストをクリックすると、hrefで指定した場所に移動するハイパーテキストを定義します。
  hrefはハイパーテキスト参照(hypertext reference)のことで、hrefに指定する値はURLと呼ばれる文字列です。
- 例

```
<a href="https://maps.google.co.jp">Googleマップへ</a>
```

用語

URL (Uniform Resource Locator)

URLは、Webアドレスのことです。たいていは、次のような形をしています。

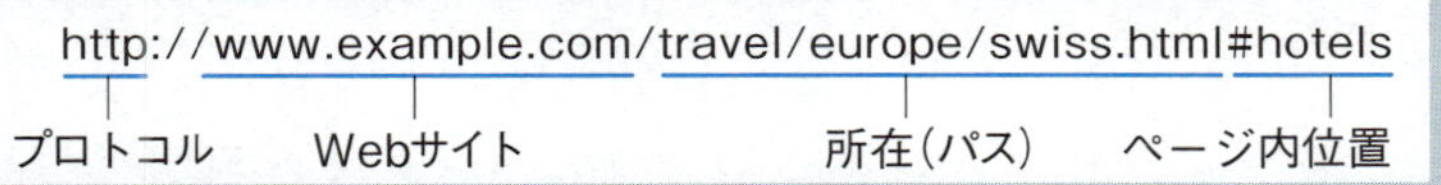

プロトコルはWebサーバとブラウザ間の通信手順です。パスは、サイト内でのWebページの在り場所です。ページ内位置(fragment id)はWebページ内での位置で、省略したときは「先頭」とみなされます。

なお、URLに似た言葉にURNやURIがあります。URLは場所を示すlocatorですが、URNは名前を示すname、URIは識別子を示すidentifierです。URLとURNをまとめた呼び方がURIです。

hrefに指定するURLには、「絶対URL」と「相対URL」の形式があります。「絶対URL」は、プロトコルとWebサイトの指定を含む形式です。次に例を示します。

```
http://www.example.com/travel/europe/swiss.html#hotels      (絶対URL)
```

「相対URL」は、現在表示されているページを基準にした指定形式です。次のように、サイト名までを省略すると、現在表示されているページと同じサイトが仮定されます。この形式は、同じサイト内の別ページに移動するときに使います。

```
/travel/europe/france.html#foods      (相対URL)
```

さらに、次のように文書の所在も省略して「ページ内位置」だけを指定すると、現在表示されているページ内の別な場所が表示されます。

```
#access                                                    （相対URL）
```

ページ内位置を「#～」で参照していますが、この「～」に当たる部分はid属性の値です。たとえば、次のように指定します。

```
<h2 id="hotel">ホテル</h2>
<h2 id="foods">食べもの</h2>
<h2 id="access">交通アクセス</h2>
```

例題 3-13

次のHTMLコードをファイルに保存して、表示されたハイパーリンクの働きを確かめなさい。

▶ ex3-13.html

```
<!DOCTYPE html>
<html>
<head>
  <meta charset="UTF-8">
  <title>アンカー</title>
  <style>
  li {height:200px}
  </style>
</head>
<body>
ハイパーリンク
<a href="#i">い</a>
<a href="#ro">ろ</a>
<a href="#ha">は</a>
<a href="#ni">に</a>
<a href="#ho">ほ</a>
<a href="#he">へ</a>
<a href="#to">と</a>
<ol>
  <li id="i">い</li>
  <li id="ro">ろ</li>
  <li id="ha">は</li>
  <li id="ni">に</li>
  <li id="ho">ほ</li>
  <li id="he">へ</li>
  <li id="to">と</li>
</ol>
</body>
</html>
```

動きを分かりやすくするために、style要素でリストの高さを極端に大きくしました。style要素は、開始タグに含めるstyle属性と違います。詳しくはスタイルシートのところで説明しますが、何を指定しているかは分かるでしょう。ここはこのまま入力してください。
ブラウザでは、次のように表示されます。

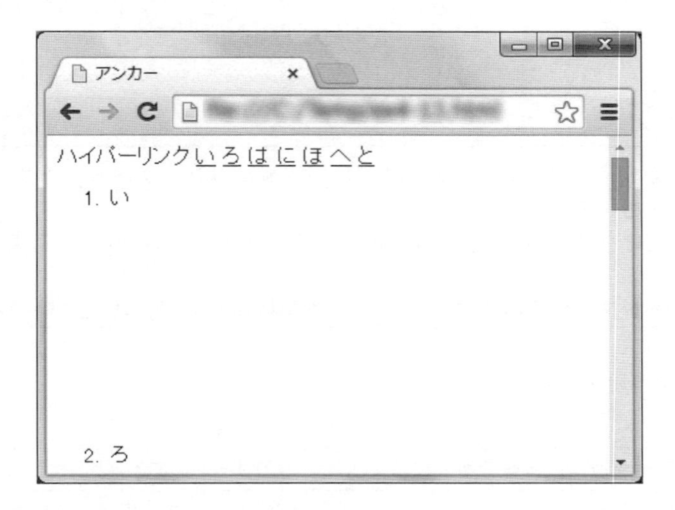

一番上に、下線付きで表示されているのがaタグの内容です。リストはこの図では「い」と「ろ」だけが見えており、それ以外の「は」「に」「ほ」「へ」「と」は、ページのもっと下の方に隠れています。実験のために、わざとliのheightの値を大きくしているからです。
では、ハイパーリンクの「に」をクリックしてみてください。

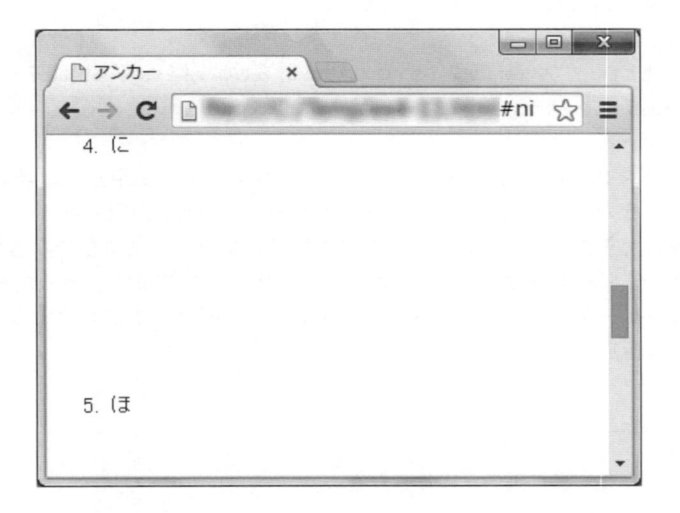

すると、隠れていた「4.に」がページの一番上に表示されます。id属性"ni"が設定されているリストの「に」に移動したのです。アドレスバーのURLを見ると、末尾に「#ni」が表示されていますね。

ブラウザの戻るボタン（左矢印）で前の表示に戻り、別のハイパーリンクもクリックしてみてください。各アンカーに移動することが確認できます。「と」をクリックしたときは、ページの一番上に来ないかもしれません。それ以下にもうページの内容がないときは、ページに収まる範囲で表示されます。

ページの内容が多いときは、このようなページ内のリンクがあると、スクロールしなくても目的の記事にジャンプできて便利です。ただし、あまりジャンプが多いと、どこにいるのか分からなくなるおそれもあります。

3.4 イメージ

イメージは、静止画やアニメーション画像のことで、動画は含みません。イメージをHTML文書に含めるにはimgタグを用います。

imgタグは、属性だけを持つ要素で、要素の内容や終了タグがありません。形式は次の通りです。

▶img　　<img src=".." alt=".." width=".." height=".." ...>

- 画像を表示します。
- 主な属性の意味は次の通りです。

src	ソース（source）/画像の所在を示すURL。他のサイトにあるイメージでも可
alt	代用テキスト（alternate text）/画像が表示できないときに表示する文字
width	画像の表示幅。単位はピクセル
height	画像の表示高。単位はピクセル

- srcとalt属性は必ず指定しなければなりません。
- 例

```
<img src="http://www.w3.org/html/logo/img/html5-display.png"
alt="W3C HTML5 Logo">
```

ブラウザはimgタグを見つけると、いったんそれを表示する場所を用意し、続いて指定されたソースから画像を入手してその場所に表示します。widthやheightが指定されていると、imgタグを読んだときに表示領域の大きさが決まりますが、指定されていないと、画像を読み込むまで表示領域の大きさが決まらないので、HTML文書のレイアウトがやり直しになります。そのため、サイズ指定のない画像をたくさん含むページでは、読み込み中にグズグズとレイアウトが変化することがあります。

次の例題で、サイズ指定の働きを確かめます。

例題 3-14

次の手順に従ってHTML文書の画像を操作しなさい。

1. HTML文書のひな型を用意する。
   テキストエディタを用いて、次の内容を用意します。

```
<!DOCTYPE html>
```

```
<html>
<head>
  <meta charset="UTF-8">
  <title>イメージ</title>
</head>
<body>
<img src=" " alt=" " width=" " height=" ">
</body>
</html>
```

2. 表示する画像のURLやサイズを調べる。
   任意のWebページをブラウザに表示し、使用する画像を選びます。その画像を右クリックし、「要素を検証」や「プロパティ」を選ぶとURLやサイズが表示されます。
3. srcとwidth、heightを指定する。
   上で調べたURLやwidth、heightをテキストエディタのsrcやwidth、heightの値に貼り付けます。画像が表示できないときの代用テキストaltも指定しておきましょう。
   たとえば、画像ファイルのURLがhttp://example.co.jp/rainbow.jpgで、サイズが640×480ピクセルだとすると、imgタグの指定は次のようになります。

```
<img src="http://example.co.jp/rainbow.jpg" alt="虹の画像"
  width="640" height="480">
```

4. 表示する。
   ex3-14.htmlなどの名前で保存し、ブラウザに表示します。
5. サイズを変更する。
   widthやheightを変更すると、その大きさで画像が表示されます。その様子を確認してください。

例題 3-15

imgのsrcに指定した画像ファイル名を書き換えて、該当する画像ファイルがない状態にすると、何が起こるか試しなさい。

3.5 フォーム

フォーム(form)は記入用紙のことです。HTMLのフォーム要素は普通、Webサーバにデータを送るために使います。

▶ **form　　<form action=".." ...>..内容..</form>**

- Webサーバにデータを送るためのデータの入力域を表示します。
- action属性には、フォームに入力されたデータの送り先を示すURLを指定します。
- 内容となる入力域にはinput要素や、ドロップダウンリスト、テキストエリアなどが使えます。

form要素を用いた画面の例を次に示します。

読者アンケートにご協力ください

本の名前:

年代: 10代

本はどこで読むことが多いですか:
自宅 学校 図書館 移動中 カフェなどのお店

評価を教えてください
面白かった まあまあ 面白くなかった

その他感想があれば教えてください

送信

テキスト入力や項目の選択などをする部品は、input要素です。input要素には多くの種類がありますが、その種類はtype属性で指定します。Webサーバにformの内容を送信したとき、それを受け取るプログラムは、input要素のname属性の値に基づいて、どの項目の値かを判断します。

● テキストフィールド

▶ inputのtext　　<input type="text" name="..">

- 1行だけの文字列入力域です。
- テキストフィールドは画面上に入力域を表示するだけなので、それだけでは何を入力する場所かが分かりにくくなります。そのため、普通は下の例の「ユーザ名」のように見出しをつけます。
- 主な属性は次の通りです。

name	入力値をWebサーバ側のプログラムが参照するときの名前

- 例

```
ユーザ名　：<input type="text" name="user">
```

ユーザ名　：

● パスワード

▶ inputのpassword　　<input type="password" name="..">

- 1行だけの文字列入力域ですが、入力した文字が表示されない点が異なります。
- これも入力域を表示するだけなので、何の入力を求めているかを表示するのが普通です。
- 主な属性は次の通りです。

name	入力値をWebサーバ側のプログラムが参照するときの名前

- 例

```
パスワード：<input type="password" name="pass">
```

次は、7文字入力した状態です。指定した文字が分からないように隠されます。

パスワード: •••••••

選択肢を表示するときは、チェックボックスかラジオボタンを使います。チェックボックスは複数選択を許しますが、ラジオボタンは1つだけしか選べません。

● チェックボックス

▶ inputのcheckbox　<input type="checkbox" name=".." value="..">

- チェックボックスは、いくつでも選択できる選択肢です。
- 四角のチェックボックスを表示するだけなので、その選択肢の意味を示す文字列が必要です。
- 主な属性は次の通りです。

name	入力値をWebサーバ側のプログラムが参照するときの名前
value	そのボタンが選択されたときに、Webサーバ側のプログラムに伝えられる値
checked	選択済みを示す属性。属性値は指定しない

- 例

```
<input type="checkbox" name="fun" value="sports">スポーツ<br>
<input type="checkbox" name="fun" value="music" checked>音楽
```

☐スポーツ
☑音楽

● ラジオボタン

▶ inputのradio　<input type="radio" name=".." value="..">

- 以前のカーラジオの選局ボタンのように、1つしか選べない選択肢です。
- 丸いラジオボタンを表示するだけなので、その選択肢の意味を示す文字列が必要です。
- 主な属性は次の通りです。

name	入力値をWebサーバ側のプログラムが参照するときの名前
value	そのボタンが選択されたときに、Webサーバ側のプログラムに伝えられる値
checked	選択済みを示す属性。属性値は指定しない

- 例

```
<input type="radio" name="gender" value="male" checked>男性<br>
<input type="radio" name="gender" value="female">女性
```

◉男性
○女性

● ラベル

▶ label　　**<label for="..">..選択肢を示す文字列..</label>**

- 文字列をフォームのinput要素に対応付けます。
- チェックボックスやラジオボタンの選択肢を選ぶときには、チェックボックスやラジオボタンの上をクリックしなければなりませんが、labelを使うとその文字列をクリックしても選択されます。
- 主な属性は次の通りです。

for	対応付けるinput要素のid属性値

- 例

```
<input type="radio" name="gender" id="otoko" value="male">
<label for="otoko">男性</label>
<input type="radio" name="gender" id="onna" value="female">
<label for="onna">女性</label>
```

○ 男性 ○ 女性

● サブミットボタン

▶ inputのsubmit　**<input type="submit" value="..">**

- フォームに入力されたデータをWebサーバに送信するボタンを表示します。
- 主な属性は次の通りです。

name	この部品をWebサーバ側のプログラムが参照するときの名前
value	ボタン上に表示されるテキスト。他のinput要素のvalueとは意味が違う

- 例

```
<input type="submit" value="送信する">
```

送信する

サブミットボタンの働きは決まっていますが、用途を自分で決めることができる汎用ボタンが2種類あります。ボタンを押したときの動作は、そのときに起動するJavaScriptのプログラムで決まります。具体的な説明は「第2部　JavaScript編」に譲りますが、形式だけを見ておきましょう。

● 汎用のボタン

▶ inputのbutton　**<input type="button" value=".." onclick="..">**

- JavaScriptの機能を使って、押したときの動作を自由にプログラムできるボタンです。
- 主な属性は次の通りです。

value	ボタン上に表示するテキスト
onclick	ボタンをクリックしたときに呼び出すJavaScript関数

- 例

```
<input type="button" value="前に戻る" onclick=".. ">
```

前に戻る

button要素

button　<button type="button" onclick="..">..内容..</button>

- JavaScriptの機能を使って、押したときの動作を自由にプログラムできるボタンです。
- input要素のボタンと機能は同じですが、ボタン上の表示が..内容..に指定したものになります。img要素を使うと、画像をボタン上に表示することができます。
- typeには、"button"のほかに、"submit"や"reset"が指定できます。省略すると"submit"になります。
- 主な属性は次の通りです。

onclick	ボタンをクリックしたときに呼び出すJavaScript関数

- 例

```
<button type="button" onclick=".."><img src="mail.gif"></button>
```

以下はinput要素ではありませんが、formの中でよく使われる要素です。

テキストエリア

textarea　<textarea rows=".." cols=".." name="..">..内容..</textarea>

- 行数や文字数に制限がないテキスト入力域です。
- 主な属性は次の通りです。

rows	テキスト入力域の行数
cols	テキスト入力域の桁数
name	入力された内容をWebサーバ側のプログラムが参照する名前
..内容..	必要なら、最初に表示する文字列。ユーザが書き換え可能

- 例

```
<textarea rows="3" cols="50" name="comment">(コメント記入欄)</textarea>
```

(コメント記入欄)

● ドロップダウンリスト

▶ **select option**　**<select name="..">**
<option value="..">..内容..</option>
..繰り返し..
</select>

- 三角のボタンを押すと展開される選択肢から選ぶリストです。
- 主な属性は次の通りです。

name	入力された内容をWebサーバ側のプログラムが参照する名前
value	選択されたときに、Webサーバ側のプログラムに伝えられる値
..内容..	選択肢を示す文字列

- 例

初期状態は、selectedを指定した選択肢が選択されています。

```
<select name="vegie">
<option value="radish" selected>ラディッシュ</option>
<option value="celery">セロリ</option>
<option value="pimento">ピーマン</option>
</select>
```

次は、三角のボタンをクリックして選択肢が表示された状態です。

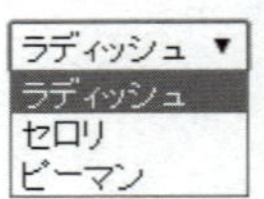

例題 3-16

次のようにして、値を入力するためのフォームを作り、入力の操作を試しなさい。

1. 次のテンプレートの「.. フォームの内容 ..」のところに、前述のinput要素やテキストエリアなどの部品を配置して、ex3-16.htmlを作りなさい。
2. ex3-16.htmlをブラウザで表示して、文字を入力したり、クリックして選択するなどの操作をしなさい。なお、この例題ではactionを指定していないので、[送信] ボタンを押してもWebサーバには送信されず、何も起こりません。

▶ **テンプレート**

```
<!DOCTYPE html>
<html>
<head>
  <meta charset="UTF-8">
  <title>入力用フォーム</title>
</head>
<body>
<h2>下記フォームに記入してください</h2>
<form action="..">
```

```
.. フォームの内容 ..
<input type="submit" value="送信">
</form>
</body>
</html>
```

解答例

▶ ex3-16.html

```
<!DOCTYPE html>
<html>
<head>
  <meta charset="UTF-8">
  <title>入力用フォーム</title>
</head>
<body>
<h2>下記フォームに記入してください</h2>
<form action="..">
<p>
名前:<input type="text" name="名前"><br>
年齢:<input type="password" name="年齢"><br>
性別:
<input type="radio" name="性別" value="男">男
<input type="radio" name="性別" value="女">女<br>
</p><p>
住所:
<select name="住まい">
<option value="東寄り">東寄り</option>
<option value="西寄り">西寄り</option>
<option value="南寄り">南寄り</option>
<option value="北寄り">北寄り</option>
<option value="中央寄り">中央寄り</option>
</select><br>
趣味:
<input type="checkbox" name="趣味" value="スポーツ">スポーツ
<input type="checkbox" name="趣味" value="音楽">音楽
<input type="checkbox" name="趣味" value="旅行">旅行
<input type="checkbox" name="趣味" value="映画">映画
</p><p>
コメントをどうぞ<br>
<textarea name="コメント"></textarea>
</p>
<input type="submit" value="送信">
</form>
</body>
</html>
```

上の例題は、[送信] ボタンを押しても何も起こりませんでした。送信される内容を確認したいので、次の例題では、自分宛にメールを送る方法を試します。

例題 3-17

次のようにして、例題3-16のフォームの送信内容をメールで送りなさい。

1. ex3-16.htmlのform行を次のように書き換えなさい。
「アドレス」のところには、あなたのメールアドレスを指定します。

```
<form action="mailto:アドレス" method="post" enctype="text/plain">
..内容..
<input type="submit" value="メール送信">
</form>
```

2. 修正後保存し、ブラウザに再読み込みしなさい。
3. フォームに入力してから、[送信] ボタンを押しなさい。

formのaction属性について補足します。action属性には、フォームの入力値を受け取るWebサーバ側のプログラムを指定するのが普通ですが、Mailto URLという形式を用いてフォームの内容をメールで送信することもできます。それは、次のような形式です。

```
<form action="mailto:someone@example.com" method="post"
    enctype="text/plain">
```

- 主な属性の意味は次の通りです。

action	Mailto URL。mailto:に続けてメールアドレスを指定する
method	フォームのデータを送る方法。getとpostがある
enctype	postのときに使うコード化の方法。ここではtext/plain（平文）とする

［メール送信］ボタンを押すと、メールソフトが起動して新規メールの送信待ち状態になるので、内容を確認して送信してください。この方法は簡単なのですが、PCの設定によっては使えないことが多いので、Webサイトではあまり用いられません。メールが送れない場合は、使用するブラウザを変えるなどして試してください。

▶ ex3-17.html

```
<!DOCTYPE html>
<html>
<head>
  <meta charset="UTF-8">
  <title>メールで送信</title>
</head>
<body>
<h2>フォームの内容をメールで送る</h2>
<form action="mailto:送信先メールアドレス" method="post"
    enctype="text/plain">
.. フォームの内容 ..
```

```
<input type="submit" value="送信">
</form>
</body>
</html>
```

例題 3-18

例題3-16のテンプレートを使って、フォームの例として最初に示した「読者アンケート」のアンケートフォームを作りなさい。

3.6 その他のタグ

その他のタグをいくつか紹介します。

● 記事の種類を指定するタグ

長めの引用	<blockquote cite="..">..内容..</blockquote> 段下げして表示される。citeには引用元のURLを指定できる。
短めの引用	<q cite="..">..内容..</q> 最初と最後に引用符をつけて表示される。citeは引用元のURL。
作品のタイトル	<cite>..内容..</cite> 本や絵画や映画、歌、テレビ番組、展示会などの作品や仕事のタイトル。 イタリック体で表示される。HTML5以前は、引用（citation）だった。
記事の著者へのコンタクト情報	<address>..内容..</address> イタリック体で表示される。
用語の定義	<dfn>..内容..</dfn> イタリック体で表示される。

話題が変わるなど、記事の意味的な区切りを示すときには、hrタグを使います。

記事の区切り	<hr> ブラウザ上は水平線として表示される。終了タグはない。

● 強調などを指定するタグ

テキストの一部分を意味的に他と区別したいときに用いるタグです。

強調表示	<em>..内容..</em> イタリック体で表示される。
重要箇所	<strong>..内容..</strong> 太字で表示される。

HTMLは内容を、CSSは表示の仕方を指定するという役割分担が原則です。HTML5ではそれが推し進められていますが、次のように直接表示スタイルを指定するタグも残っています。

<b>..内容..</b>	太字で表示する。bはboldのb。 太字の見出しならh1 ～ h6を、重要箇所はstrongを、強調ならemを使うべきである。
<i>..内容..</i>	イタリック体で表示する。iはitalicのi。 em、strong、mark、cite、dfnなどを使うべきである。

演習

インターネットで「HTML5 リファレンス」などを検索して、どんなサイトがあるかを調べなさい。またそのサイトを使って、自分で選んだいくつかのタグの形式を調べなさい。

3.7 チェッカー

自分の書いたHTMLコードが正しくブラウザに表示されたとしても、そのコードが正しいとはいえません。ブラウザはHTMLコードに誤りがあっても、それを報告せず、適当に解釈してページの内容を表示しようとします。ブラウザの仕事は、HTML文書を表示することであり、エラーチェックではないからです。

HTMLコードに誤りがあると、自分の環境では正しく表示されていても、他の環境でどう表示されるかが分かりません。HTMLコードを書いているときには、誤りを指摘してもらいたいところです。

HTMLコードの構文誤りをチェックするサービスを提供しているWebサイトが多数あり、インターネットで「HTML5 lint」などを検索すれば簡単に見つかります。lint（リント）というのは、C言語の文法違反を厳しく調べるプログラムの名前に由来しています。

例題 3-19

HTML5のリントチェッカーで自分の書いたコードの評価を調べなさい。

多くのリントチェッカーでは評価対象の指定方法を、(1) WebページのURLを指定する、(2) PCのローカルファイルを指定する、(3) HTMLコードを直接テキストエリアに貼り付ける、から選べます。これまでに書いたHTMLコードがファイルに残っているなら、(2)の方法が便利です。

構文チェックの結果、評価点やエラーの場所と内容が報告されます。チェッカーは完全ではありませんが、このような評価は自分の勘違いなどに気づかせてくれるので有益です。

正しく表示できても
HTMLが正しいとは限らない

チェッカーで
誤りがないか確かめよう！

NOTE 省略可能なタグ

タグの中には省略できるものがあります。インターネットの記事を見ると、pタグの終了タグ</p>は省略できると書かれているものが多く見られます。しかし、実は</p>を省略できるのは次の場合だけです。これを覚えようと思いますか？
「p要素の直後が、address、article、aside、blockquote、dir、div、dl、fieldset、footer、form、h1、h2、h3、h4、h5、h6、header、hgroup、hr、main、nav、ol、p、pre、section、table、ulのいずれかの要素であるとき。または、p要素を含む要素がa要素でなく、かつ、親要素に含まれる最後の要素であるとき」です。
このようにタグごとに省略可能な条件が定められていて、無条件にいつでも省略可能なタグはありません。もしあったら、そんなタグにはもともと存在する意味がありません。さらに、もし省略可能な条件を覚えていたとしても、HTMLコードを書き換えたときにその条件を満たさなくなることがあります。むやみにタグを省略するのはやめましょう。

演習

これまでに出てきたタグをできるだけたくさん使って、HTML文書を作りなさい。

4 スタイルシート

4.1 使用例

次に示すコードは、これまでの説明から抜き出したスタイル指定ですが、いずれもスタイルシートの機能を用いています。

```
1  <table border="1" style="border-width:5px; border-style:dotted">

2  <table border="1" style=
     "border-width:thin;
      border-style:dashed;
      border-collapse:collapse">

3  <table border="1" style="border-collapse:collapse">
     <caption>標準色</caption>
     <col span="2" style="width:5cm">
     <tr><td>aqua</td><td style="background-color:aqua"></td></tr>
     <tr><td>black</td><td style="background-color:black"></td></tr>
     <tr><td>blue</td><td style="background-color:blue"></td></tr>

4    <style>
     li {height:200px}
     </style>
```

1から3は開始タグの中にstyle属性として指定するインライン指定形式、4はstyle要素として指定する内部指定形式です。スタイルシートには指定の仕方が3種類あるのですが、そのうちの2種類をすでに使用しています。このほかにファイルから読み込む（外部指定）形式があります。

4.2 働き

HTMLでは、開始タグと終了タグで示した範囲を、見出しとか、パラグラフ、テーブルなどと指示するのが一般的です。HTMLはそれが「何であるか」を示す役割を果たし、「どう表示するか」はブラウザに任せるという役割分担が原則です。しかし、「どう表示するか」をHTML文書作成者が指示したい場合も多くあります。スタイルシート（Cascading Style Sheets、CSS）がその役割を担当します。

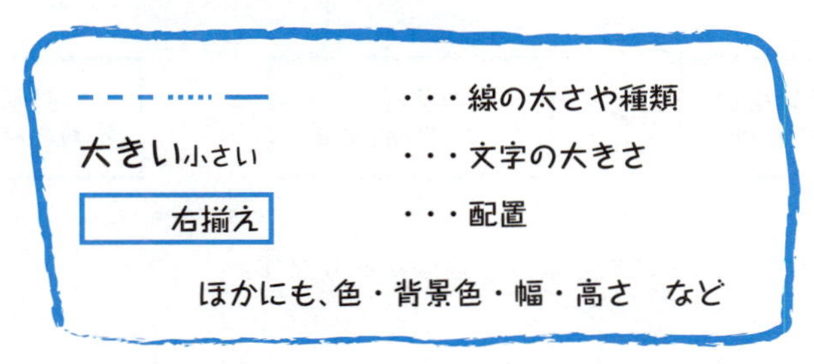

「記事内容はHTML、表示体裁（ていさい）はCSS」という役割分担によって、Webサイト内のWebページの見せ方を簡単に一括して変更することができます。ですから、スタイルシートの変更によってWebサイトの印象を切り替えることができます。

スタイル指定は、次の形をしています。

セレクタは、スタイルを設定する要素を選択するものです。上の例では、すべての`li`要素が対象になります。宣言は、設定するスタイルの内容で、プロパティと値をコロン（`:`）でつないで指定します。上の例では`height`に`200px`、つまり高さを200画素にしています。プロパティと値の組が複数あるときは、セミコロン（`;`）で区切ります。

4.3 指定方法

スタイルの指定方法には、次の3つがあります。

インライン指定	HTML要素の`style`属性を使う方法。例題でも使用したように、スタイルはその要素だけに適用される。
内部指定	`head`部の中で、`<style>`～`</style>`として「`style`要素に指定」する方法。そのHTML文書だけが適用対象となる。
外部指定	スタイル指定を別ファイルに書いておき、`head`部の中の`<link>`タグでそれを指定する方法。スタイル指定のファイルを変更するだけで、それを参照している全ページの見え方を変更できるので、Webサイト内の各ページの見え方を一括して変更するときに便利。 外部スタイルシートには、HTMLタグを含めることはできない。またファイルは、.cssという拡張子をつけて～.cssという名前にする。

3つの指定方法は、適用範囲の広さでいうと、次のような順です。

また、スタイル指定の置き場所に次のような違いがあります。

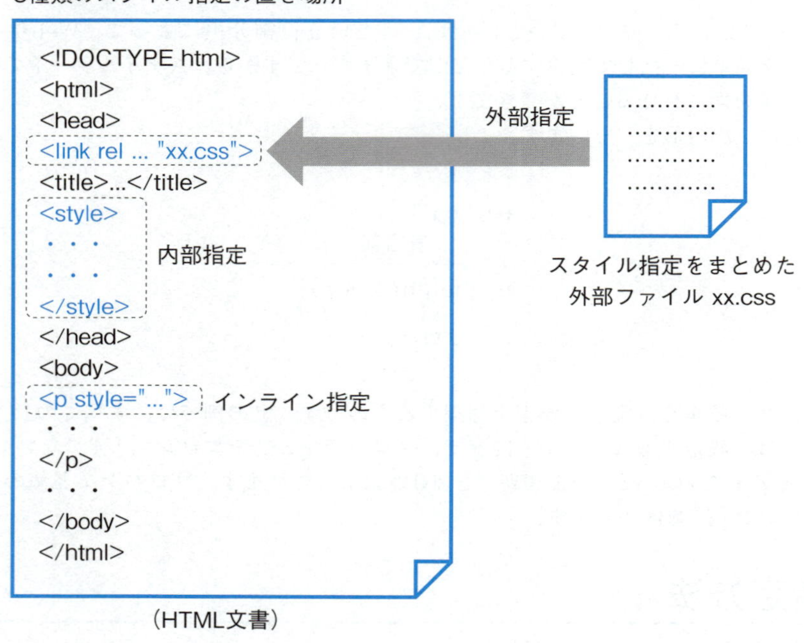

● インライン指定

開始タグのstyle属性を使って指定します。その要素だけに指定したスタイルが適用されます。インライン指定では、スタイルを設定する対象が明確なので「セレクタ」は使用せず、宣言部の内容だけを指定します。

HTMLの指定例	`<td style="background-color:#f00">`

● 内部指定

HTML文書のhead部に、`<style>…</style>`を使ってCSSを記述します。そのページの該当する要素に、指定したスタイルが適用されます。

HTMLの指定例	<style> table {width:100%; background-color:#ccc} </style>

styleタグの形式は次の通りです。

▶style　　<style>..スタイルに関する指定..</style>

- スタイルの指定をHTML文書に埋め込みます。
- 主な属性は次の通りです。

type	スタイルを指定する言語タイプ。HTML5では省略可能、"text/css"と解釈される。
media	指定のスタイルをどの型の装置に適用するか。指定を省略すると"all"。

- HTML5で加わったscoped属性は、ページ内のさらに特定の範囲だけにスタイルを適用したいときに用いますが、現時点で未対応のブラウザもあるため、本書では扱いません。

● 外部指定

スタイルの指定だけを外部のファイルにまとめ、HTML文書ではそれを参照して適用する形式です。

内部指定と外部指定の違いは、スタイル指定の置き場所であり、CSSの内容は同じです。CSSファイルには、スタイルの定義だけを書きます。HTMLタグを書いてはいけません。<style></style>も不要です。

ファイルexample.cssの内容例	table {width:100%; background-color:#ccc}
HTMLの指定例	<head> <link rel="stylesheet" 　　type="text/css" href="example.css"> </head> head部のstyle要素の中で外部ファイルを参照することもできる。 <style> @import "example.css"; </style>

CSSを内容とするファイルは、この例のように～.cssという名前にします。

linkは、他のページやリソースへのリンクを指定するタグです。終了タグはありません。

▶link　　<link rel=".." type=".." href="..リンク先..">

- 他のリソースへのリンクを指定します。
- head部にのみ指定できます。複数定義も可能です。
- 主な属性は次の通りです。

rel	リンクのタイプ。スタイルシートは、"stylesheet"と指定する。
type	リンク先のデータ形式のタイプ。スタイルシートは、"text/css"を指定する。
href	リンク先のURL。

NOTE 同じ要素に複数のスタイル指定があるとき、どのスタイルになる？

▶外部指定と内部指定の両方を使うとき
通常は、外部指定はWebサイト全体、内部指定はそのHTML文書を対象としたスタイルを保持しているので、両方を使うときはhead部で先にlinkタグ、あとからstyleタグを使います。それは、同じ対象に複数のスタイルが指定されると、あとからの指定が有効になるからです。もし、styleタグを先に指定すると、内部指定より外部指定が優先されてしまいますから、注意しましょう。
▶インライン指定もあるとき
外部指定や内部指定の内容より、そのタグに指定されたインライン指定のスタイルが有効になります。

4.4 スタイル指定の形式

スタイル指定の形式について、まとめておきます。次の例は「すべてのテーブルで幅を100パーセント、背景色を#cccにしなさい」という指定例です。

```
/* テーブルのスタイルを指定する例 */
table {width:100%; background-color:#ccc}
```

この例でtableと書いている部分がセレクタ、セレクタに続く{　}の部分が宣言部(declaration)です。"/*"から"*/"まではコメント(注釈、覚え書き)なので、ブラウザはそれを無視します。HTMLのコメント<!-- .. -->とは、違う形式です。

スタイル指定とスタイル指定の間はセミコロン(;)で区切ります。さらに、スタイル指定はプロパティとその値をコロン(:)を挟んでペアにしたものです。また、スペースや改行はHTMLと同じように、(連続していても) 1つの区切り文字として取り扱われます。

4.5 セレクタ

セレクタはスタイルを適用する対象です。まず、次の例を見てください。

いろいろなセレクタ

```
table    {width:100%; background-color:#ccc}
#id1     {height:50px; color:red}
.class1  {text-align:center}
```

この部分はすべてセレクタ

最初の「table」はすでに示しましたが、セレクタにHTML要素名を指定した例です。tableタグ全般に対して{　}内のスタイルを適用せよという指示です。テーブル要素がいくつもあり、そのすべてに同じスタイルを適用したいときには、このように指定します。

セレクタには、HTML要素名のほかに、idやclassを指定できます。前述の例で"#"で始まるのがidセレクタ、"."で始まるのがclassセレクタです。

● idセレクタ

idセレクタは、特定の1つの要素だけにスタイルを適用する場合に使うもので、"#"を前につけてidセレクタであることを示します。次に、例を示します。この例では、高さheightと描画色colorを指定するプロパティを使いました。

HTMLの指定例	`<tr id="id1" ...`
CSSの指定例	`#id1 {height:50px; color:red}`

id名に数字で始まる名前は使えません。idを使うと要素を特定できるので、スタイル指定に限らず、ハイパーリンクやJavaScriptプログラムでもよく使います。

1つのHTML文書では、同じid名を2回以上使えません。複数の要素をまとめて取り扱うには、classセレクタを用います。

● classセレクタ

classセレクタは、いくつかの要素をまとめて同じスタイルを適用するときに使います。1つのid名は1つの要素にしか指定できませんが、classは複数の要素をまとめて指定するときに使います。ですから、1つのclass名を複数の要素に指定するのが普通で、同じclass名をいくつの要素に与えても構いません。また、種類の異なる要素に同じclass名を与えても構いません。

CSSでは、class名の前にピリオド(".")をつけてclassセレクタであることを示します。class名もid名と同じく数字で始めることができません。

次の例では、文字の揃え位置text-alignを指定するプロパティを使いました。

<table>
<tr><td>HTMLの指定例</td><td><p class="class1" ...</td></tr>
<tr><td>CSSの指定例</td><td>/* 次のスタイル指定は、すべてのclass1に適用されます */
.class1 {text-align:center; ... }
または
/* 次のスタイル指定は、pタグのclass1だけに適用されます */
p.class1 {text-align:center; ...}</td></tr>
</table>

● idとclassの違い

id	1つのHTML要素だけを狙い撃ちにするときに使う。 1つのid名は、1つのHTML文書内で1回しか使えない。要素の種類が違っても、2回以上使えない。
class	いくつかの要素をまとめて取り扱うときに使う。 要素の種類にかかわらず、同じclass名を与えることで、いくつでも要素をまとめてグループ化できる。

用語

グローバル属性(Grobal Attributes)

属性のところで説明しましたが、HTMLタグに指定できる属性はタグごとに決まっています。その一方で、ほとんどのHTMLタグに指定できる属性があり、グローバル属性(Grobal Attributes)と呼ばれます。セレクタに用いたclassやid属性のほか、前述のstyle属性や後述するtitle属性もグローバル属性です。

用語

CSSのどこに滝が？

日本語ではスタイルシートと呼んでいますが、英語ではcascadingがついてCascading Style Sheetsです。滝になって落ちる、または段階的に進めるスタイルシートというところですが、滝はどこにあるのでしょうか？

CSSでは、セレクタにHTML要素名やid、classを指定できる上、インライン指定、内部指定、外部指定といろんな方法でスタイルを指定できます。さらに、ブラウザも表示スタイルを持っています。ブラウザはそれらのスタイル指定を、1つの仮想的なスタイルシートに集約し、それをそれぞれのHTML要素に適用します。cascadingは、この様子を段のある滝が順番に流れ落ちる様子にたとえたものです。

なお、適用の優先度は、一般に広い範囲を対象とした指定より、狭い範囲を対象とした指定が優先され、先に指定された内容より、あとから指定されたものが優先されます。

例題 4-1

内部指定のスタイルシートを用いて、ex3-9.htmlを次のように修正しなさい。

table要素の表示幅を100%、tr要素の高さを50pxとしなさい。また、class名group1を用いて赤成分が255、つまり色成分が"#f"で始まる色の色名を赤で表示しなさい。

下にex3-9.htmlを再掲しますが、「width:200px」を削除する必要があります。その理由を考えなさい。

▶ **ex3-9.html（再掲）**

```
<!DOCTYPE html>
<html>
<head>
```

```
  <meta charset="UTF-8">
  <title>虹の七色</title>
</head>
<body>
<table border="1" style="border-collapse:collapse; width:200px">
  <caption>虹の七色</caption>
  <col style="width:30%">
  <col style="width:70%">
  <tr><td>赤</td><td style="background-color:#f00"></td></tr>
  <tr><td>橙</td><td style="background-color:#fb4"></td></tr>
  <tr><td>黄</td><td style="background-color:#fd0"></td></tr>
  <tr><td>緑</td><td style="background-color:#080"></td></tr>
  <tr><td>青</td><td style="background-color:#06c"></td></tr>
  <tr><td>藍</td><td style="background-color:#249"></td></tr>
  <tr><td>紫</td><td style="background-color:#62c"></td></tr>
</table>
</body>
</html>
```

▶ ex4-1.html

```
<!DOCTYPE html>
<html>
<head>
  <meta charset="UTF-8">
  <style>
    table {width:100%}
    tr {height:50px}
    .group1 {color:red}
  </style>
  <title>虹の七色</title>
</head>
<body>
<table border="1" style="border-collapse:collapse">
  <caption>虹の七色</caption>
  <col style="width:30%">
  <col style="width:70%">
  <tr><td class="group1">赤</td><td style="background-color:#f00">
      </td></tr>
  <tr><td class="group1">橙</td><td style="background-color:#fb4">
      </td></tr>
  <tr><td class="group1">黄</td><td style="background-color:#fd0">
      </td></tr>
  <tr><td>緑</td><td style="background-color:#080"></td></tr>
  <tr><td>青</td><td style="background-color:#06c"></td></tr>
  <tr><td>藍</td><td style="background-color:#249"></td></tr>
  <tr><td>紫</td><td style="background-color:#62c"></td></tr>
</table>
</body>
</html>
```

ex3-9.htmlで「width:200px」を削除する理由は、これがあると内部指定のwidthが効かないからです。つまり、そのテーブルだけを対象とするスタイル指定は、全部のテーブルを対象とするスタイル指定よりも優先されるからです。

スタイルシートの基本は、これだけです。スタイルシートには、セレクタやプロパティが豊富に用意されていますので、「こんなことはできないかな？」と思ったら、自分で調べてみてください。目的を持って調べることは、深い理解につながります。ただし、インターネット検索で調べるときは、信頼できないサイトを避けるのはもちろんですが、新しいバージョンに対応した記事であること、特定のブラウザだけの機能ではないことにも注意してください。

4.6 divとspan

セレクタには多くのオプション指定が用意されていますが、指定する対象はHTML要素です。しかし、ある範囲に含まれる要素を対象にしたいときもあります。HTMLのdiv要素やspan要素を使うと、HTML文書中に区域を定めることができ、それを対象にして表示スタイルやレイアウトの指定ができます。これらのタグは、文書の構造上の意味（セマンティクス）を持たず、ただ区切ることを役割としています。

● div

▶ div　　　<div 属性指定>..内容..</div>

- HTML文書中に区域を設定します。表示スタイルを適用するなどに使います。

divはdivision（区域）のことで、その中に含まれるいろいろな要素をひとまとめにします。ひとまとめにしたら、それらの要素を対象にして表示スタイルを設定できます。さらに、用途が同じdivに同じclass名を与えておき、classセレクタで表示スタイルを設定するという使い方もよく見られます。その例を次に示します。

```
    <style>
      .class1 {text-align:right; color:white; background-color:black}
    </style>
  ...
  <div class="class1">
  class1の記事はどこでも、黒地に白文字で右寄せ表示
  </div>
```

また、divには配置に関するプロパティも適用されるので、divを使って左寄せ、右寄せなどの配置方法を指定することができます。しばしば、Webページのレイアウト用にtableを使うことの是非が話題になります。tableを使う方が簡単ですが、表を示すというtable本来の使い方から外れるので、divを使うべきだとされています。

● span

▶ span　　　<span 属性指定>..内容..</span>

- HTML文書に含まれる行の一部を区切ります。表示スタイルを適用するなどに使います。

spanは、HTML文書の一部に区域を設定するために用いるもので、divは一般にいろいろな要素を含みますが、spanは文字列の一部を強調表示するなど比較的小さな範囲に使います。次に例を示します。

```
    <style>
      .class2 {color:red; background-color:#ccc}
    </style>
  ...
  <p>文字列のうち<span class="class2">ここだけ</span>違います。</p>
```

前述の例のブラウザでの表示は、たとえば次のようになります。

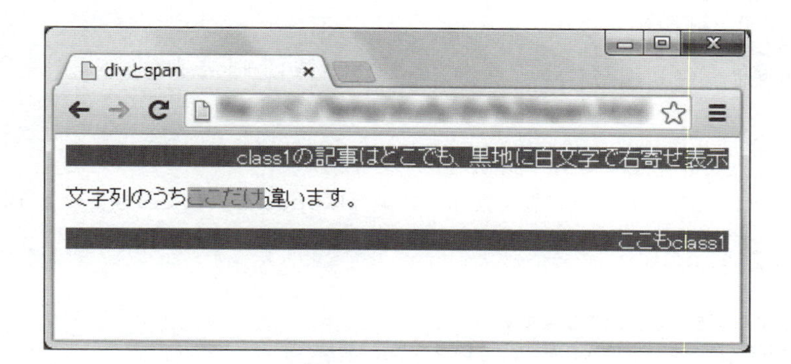

例題 4-2

divとspanを使って、次のようなHTMLページを作りなさい。

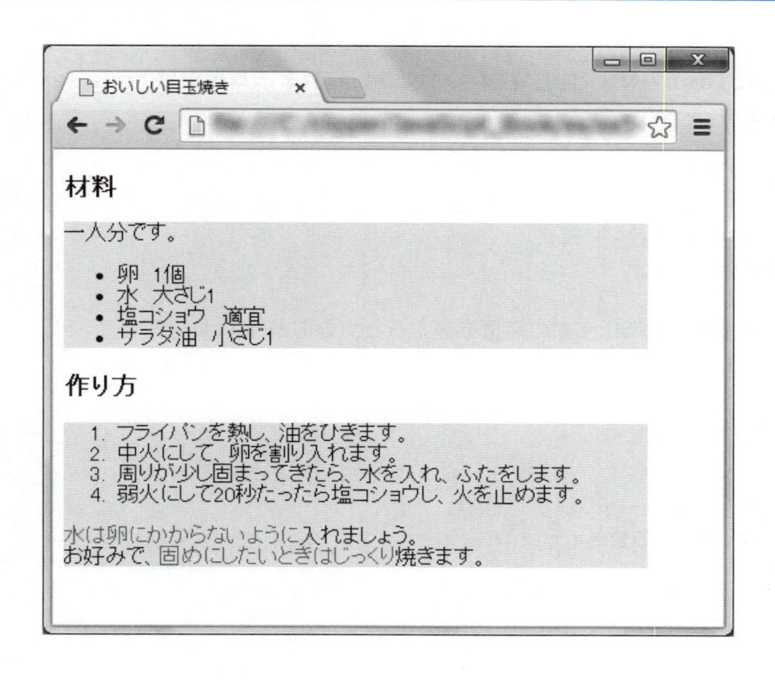

解答例

「材料」と「作り方」は小さめの見出しなので、h3を使います。背景色が設定されている部分はdivで、最下部で行の一部が強調されているのはspanです。divとspanは、それぞれ2箇所ずつあって、同じ表示スタイルですから、classを使うことにします。

「材料」のdivでは、ulを使っていますね。次のようになります。

```
<div class="conts">
一人分です。
<ul>
  <li>卵　1個</li>
  <li>水　大さじ1</li>
  <li>塩コショウ　適宜</li>
  <li>サラダ油　小さじ1</li>
</ul>
</div>
```

「作り方」のdivは、olです。olに続く記事の強調部はspanを入れておきましょう。

```
<div class="conts">
<ol>
  <li>フライパンを熱し、油をひきます。</li>
  <li>中火にして、卵を割り入れます。</li>
  <li>周りが少し固まってきたら、水を入れ、ふたをします。</li>
  <li>弱火にして20秒たったら塩コショウし、火を止めます。</li>
</ol>
<span class="pnt">水は卵にかからないように</span>入れましょう。<br>
お好みで、<span class="pnt">固めにしたいときはじっくり</span>焼きます。
</div>
```

divやspanのclass名は、自由に決めてください。スタイル指定は、classセレクタを用いて、次のようになります。

```
  <style>
    .conts {width:90%; background-color:#CCFFCC}
    .pnt {color:red}
  </style>
```

あとはいつもの通り、HTML文書の構造を整えるとできあがりです。

▶ ex4-2.html

```
<!DOCTYPE html>
<html>
<head>
  <meta charset="UTF-8">
  <title>おいしい目玉焼き</title>
  <style>
    .conts {width:90%;background-color:#CCFFCC}
    .pnt {color:red}
```

```
  </style>
</head>
<body>
<h3>材料</h3>
<div class="conts">
一人分です。
<ul>
  <li>卵　1個</li>
  <li>水　大さじ1</li>
  <li>塩コショウ　適宜</li>
  <li>サラダ油　小さじ1</li>
</ul>
</div>
<h3>作り方</h3>
<div class="conts">
<ol>
  <li>フライパンを熱し、油をひきます。</li>
  <li>中火にして、卵を割り入れます。</li>
  <li>周りが少し固まってきたら、水を入れ、ふたをします。</li>
  <li>弱火にして20秒たったら塩コショウし、火を止めます。</li>
</ol>
<span class="pnt">水は卵にかからないように</span>入れましょう。<br>
お好みで、<span class="pnt">固めにしたいときはじっくり</span>焼きます。
</div>
</body>
</html>
```

ex4-2.htmlのHTML要素が作る構造とスタイル指定の図を次に示します。

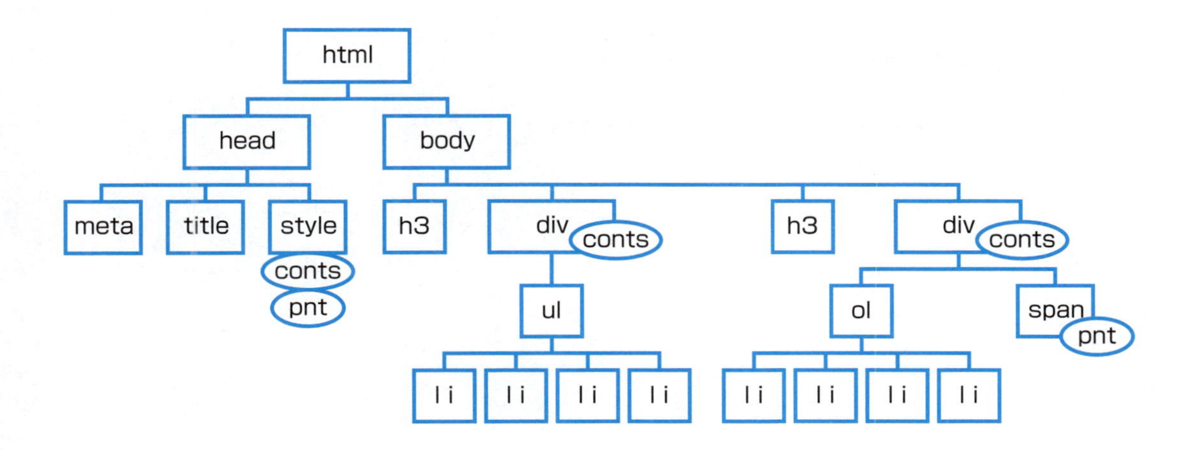

NOTE ツールチップ（tooltip）

ツールチップは、マウスポインタを要素の上に持って行ったとき（クリックはしません）に表示されるメッセージです。このメッセージは、その要素のtitle属性の値として指定したものです（title要素ではありません）。なお、メッセージを表示する矩形の領域をhover boxと呼びます。
スマートフォンなどマウスポインタがないモバイル機器では、ツールチップは表示されません。

例題 4-3

ex4-2.html のdivやspanにtitle属性を指定してツールチップを表示しなさい。

次は、作り方を記述したdivのtitle属性に「おいしい作り方」と指定したものです。マウスカーソルをその領域に載せたときに、その内容が表示されています。

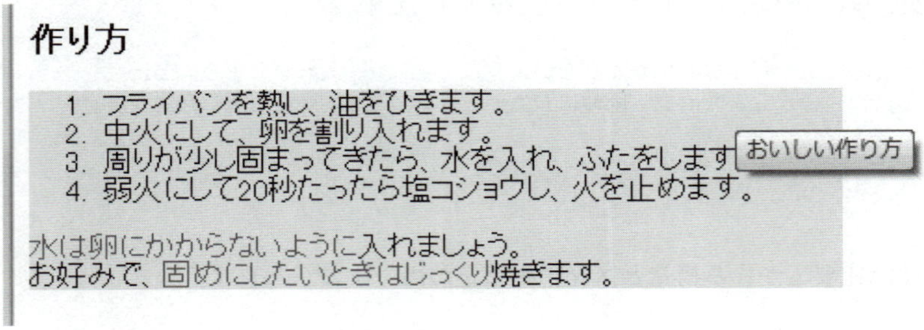

作り方

1. フライパンを熱し、油をひきます。
2. 中火にして、卵を割り入れます。
3. 周りが少し固まってきたら、水を入れ、ふたをします
4. 弱火にして20秒たったら塩コショウし、火を止めます。

おいしい作り方

水は卵にかからないように入れましょう。
お好みで、固めにしたいときはじっくり焼きます。

作り方のdivの開始タグにtitle属性を追加します。

```
<div class="conts" title="おいしい作り方">
```

4.7 主なCSSプロパティ

CSSプロパティは非常に多く用意されています。これまで触れていないものも含めて、主なものの使用例を以下に示します。使用例は内部指定の形式として、いろいろなセレクタを用いています。

4.7.1. 背景

background-color	背景色を指定します。
色名	web safe colorは次の通りです。 AliceBlue, AntiqueWhite, Aqua, Aquamarine, Azure, Beige, Bisque, Black, BlanchedAlmond, Blue, BlueViolet, Brown, BurlyWood, CadetBlue, Chartreuse, Chocolate, Coral, CornflowerBlue, Cornsilk, Crimson, Cyan, DarkBlue, DarkCyan, DarkGoldenRod, DarkGreen, DarkGrey, DarkKhaki, DarkMagenta, DarkOliveGreen, Darkorange, DarkOrchid, DarkRed, DarkSalmon, DarkSeaGreen, DarkSlateBlue, DarkSlateGrey, DarkTurquoise, DarkViolet, DeepPink, DeepSkyBlue, DimGray, DodgerBlue, FireBrick, FloralWhite, ForestGreen, Fuchsia, Gainsboro, GhostWhite, Gold, GoldenRod, Green, GreenYellow, Grey, HoneyDew, HotPink, IndianRed, Indigo, Ivory, Khaki, Lavender, LavenderBlush, LawnGreen, LemonChiffon, LightBlue, LightCoral, LightCyan, LightGoldenRodYellow, LightGreen, LightGrey, LightPink, LightSalmon, LightSeaGreen, LightSkyBlue, LightSlateGrey, LightSteelBlue, LightYellow, Lime, LimeGreen, Linen, Magenta, Maroon, MediumAquaMarine, MediumBlue, MediumOrchid, MediumPurple, MediumSeaGreen, MediumSlateBlue, MediumSpringGreen, MediumTurquoise, MediumVioletRed, MidnightBlue, MintCream, MistyRose, Moccasin, NavajoWhite, Navy, OldLace, Olive, OliveDrab, Orange, OrangeRed, Orchid, PaleGoldenRod, PaleGreen, PaleTurquoise, PaleVioletRed, PapayaWhip, PeachPuff, Peru, Pink, Plum, PowderBlue, Purple, Red, RosyBrown, RoyalBlue, SaddleBrown, Salmon, SandyBrown, SeaGreen, SeaShell, Sienna, Silver, SkyBlue, SlateBlue, SlateGrey, Snow, SpringGreen, SteelBlue, Tan, Teal, Thistle, Tomato, Turquoise, Violet, Wheat, White, WhiteSmoke, Yellow, YellowGreen
色成分	#00ff00, rgb(0,255,0)など。

▶ ex4-4.html

```
<!DOCTYPE html>
<html>
<head>
  <meta charset="UTF-8">
  <title>背景色</title>
  <style>
    body {
      background-color: coral;
    }
  </style>
</head>
<body>
<h3>背景色を指定する</h3>
```

```
</body>
</html>
```

background-image	背景画像を指定します。
画像ファイル	url ('ファイル名') 引用符("または')は省略できます。

▶ ex4-5.html

```
<!DOCTYPE html>
<html>
<head>
  <meta charset="UTF-8">
  <title>背景画像</title>
  <style>
    body {
      background-image: url('back.jpeg');
    }
  </style>
</head>
<body>
<h3>背景画像を指定する</h3>
</body>
</html>
```

background	背景の色や画像をまとめて設定できます。
色名	aqua, blue, green, lime, navy, olive, purple, redなど
色成分	#00ff00, rgb(0,255,0)など
画像ファイル	url ('ファイル名') 引用符("または')は省略できます
繰返し表示	画像を縦横に繰り返し表示するrepeat(デフォルト)/横方向だけ繰り返すrepeat-x/縦方向だけ繰り返すrepeat-y/繰り返さないnone

▶ ex4-6.html

```
<!DOCTYPE html>
<html>
<head>
  <meta charset="UTF-8">
  <title>背景色と背景画像</title>
  <style>
    body {
      background: coral url(back.jpeg) repeat-y;
    }
  </style>
</head>
<body>
<h3>背景色と背景画像を指定する</h3>
</body>
</html>
```

・表示例

4.7.2. ボーダー（境界線）

border-style	境界線の線種を指定します。
線種	実線solid/二重線double/破線dashed/点線dotted/隆起した線ridge/窪ませるinset/飛び出すoutset

▶ ex4-7.html

```
<!DOCTYPE html>
<html>
<head>
  <meta charset="UTF-8">
  <title>border-style</title>
  <style>
    h3 { border-style: inset; }
    div { border-style: ridge; }
  </style>
</head>
<body>
<h3>h3要素は窪んで見えるように囲み、</h3>
<div>div要素は飛び出た線で囲んでいます。</div>
</body>
</html>
```

・表示例　ブラウザにより、insetやridgeの見え方が異なることがあります（下記はChromeでの例）。

h3要素は窪んで見えるように囲み、

div要素は飛び出た線で囲んでいます。

border	境界線の線種、線の太さ、色をまとめて設定できます。
線の太さ	細線thin/中太線medium/太線thick/ピクセル数px
色	background-colorを参照

▶ ex4-8.html

```
<!DOCTYPE html>
<html>
<head>
  <meta charset="UTF-8">
  <title>border</title>
```

```
    <style>
      h3 { border: inset 10px; }
      div { border: ridge orange; }
    </style>
  </head>
  <body>
  <h3>h3要素は窪んで見えるように囲み、</h3>
  <div>div要素は飛び出た線で囲んでいます。</div>
  </body>
  </html>
```

4.7.3.　マージン

margin	その要素の領域の外側に設ける余白の大きさを指定します。
大きさ	ピクセル数px

▶ ex4-9.html

```
  <!DOCTYPE html>
  <html>
  <head>
    <meta charset="UTF-8">
    <title>margin</title>
    <style>
      .mg35 { margin: 35px; border: solid thin; }
    </style>
  </head>
  <body>
  <h3>マージン指定の働き</h3>
  <div class="mg35">この文字列は上下左右に35ピクセルのマージンが確保されます。</div>
  <div>class指定がないときはこのようになります。</div>
  </body>
  </html>
```

• 表示例

マージン指定の働き

この文字列は上下左右に35ピクセルのマージンが確保されます。

class指定がないときはこのようになります。

4.7.4.　パディング

padding	要素の領域の内側に設ける余白の大きさを指定します。
大きさ	ピクセル数px
指定方法	上から時計回りに4つ/上・左右・下の順に3つ/上下・左右の順に2つ/全方向で同じときは1つ

▶ ex4-10.html

```
<!DOCTYPE html>
<html>
<head>
  <meta charset="UTF-8">
  <title>padding</title>
  <style>
    .pd35 { padding: 35px; border: solid thin; }
  </style>
</head>
<body>
<h3>パディング指定の働き</h3>
<div class="pd35">この文字列は上下左右に35ピクセルのパディングが確保されます。</div>
<div>class指定がないときはこのようになります。</div>
</body>
</html>
```

• 表示例

パディング指定の働き

この文字列は上下左右に35ピクセルのパディングが確保されます。

class指定がないときはこのようになります。

4.7.5. 領域の大きさ

height, width	領域の高さと幅を指定します。
大きさ	ピクセル数px

▶ ex4-11.html

```
<!DOCTYPE html>
<html>
<head>
  <meta charset="UTF-8">
  <title>width and height</title>
  <style>
    div.tall { height: 100px; border: 1px solid; }
    div.wide { width: 100px; border: 1px solid; }
  </style>
</head>
<body>
<h3>領域サイズの指定</h3>
<div class="tall">このdivでは高さだけを指定しています。</div>
<div class="wide">このdivでは幅だけを指定しています。</div>
</body>
</html>
```

• 表示例

領域サイズの指定

このdivでは高さだけを指定しています。

このdivでは
幅だけを指定
しています。

● 4.7.6.　表示の形式

display	要素の表示形式を指定します。
表示形式	表示しないnone/行内に収まるように表示するinline/ブロック化block/改行せずにブロック化inline-block/

▶ ex4-12.html

```
<!DOCTYPE html>
<html>
<head>
  <meta charset="UTF-8">
  <title>display</title>
  <style>
    div { border: dashed thin; }
    p { border: solid thin; }
    #dp1 { display: none; }
    #dp2 { display: inline; }
    #dp3 { display: block; }
    #dp4 { display: inline-block; }
  </style>
</head>
<body>
<h3>表示の形式を指定する</h3>
<div>none:1 2 3<p id= "dp1">4 5 6</p>7 8 9</div><br>
<div>inline:1 2 3<p id= "dp2">4 5 6</p>7 8 9</div><br>
<div>block:1 2 3<p id= "dp3">4 5 6</p>7 8 9</div><br>
<div>inline-block:1 2 3<p id= "dp4">4 5 6</p>7 8 9</div>
</body>
</html>
```

• 表示例

表示の形式を指定する

none: 1 2 3 7 8 9

inline: 1 2 3 4 5 6 7 8 9

block: 1 2 3

4 5 6

7 8 9

inline-block: 1 2 3 4 5 6 7 8 9

4.7.7. 文字

font	文字に関する指定をします。
スタイル	通常normal/斜体italic/親要素と同じ書体inherit
太さ	通常normal/太字bold/細字lighter
大きさ	通常medium/ピクセル数px/センチcm/親要素との比率%/（最小）xx-small ＜ x-small ＜ small ＜ large ＜ x-large ＜ xx-large（最大）
行の高さ	12px/30pxと書くと文字の大きさは12px、行の高さが30px
ファミリー	times, courier, arial, serif, sans-serifなど
色	background-colorを参照

▶ ex4-13.html

```
<!DOCTYPE html>
<html>
<head>
  <meta charset="UTF-8">
  <title>font</title>
  <style>
    #ft1 { font: 15px arial, sans-serif; }
    #ft2 { font: italic bold 12px/30px Georgia, serif; }
  </style>
</head>
<body>
<h3>文字の色、サイズ、スタイルを指定する</h3>
<div id="ft1">あいう１２３４５６７８９</div>
<div id="ft2">あいう１２３４５６７８９</div>
</body>
</html>
```

• 表示例

文字の色、サイズ、スタイルを指定する

あいう１２３４５６７８９

あいう１２３４５６７８９

4.7.8. 行幅

line-height	行の高さを指定します。
高さ指定	通常normal/倍率指定1.2など/ピクセルpx/センチcm/比率%

▶ ex4-14.html

```
<!DOCTYPE html>
```

```
<html>
<head>
  <meta charset="UTF-8">
  <title>line-height</title>
  <style>
    #LH1 { line-height: normal; }
    #LH2 { line-height: 0.8; }
    #LH3 { line-height: 200%; }
  </style>
</head>
<body>
<h3>line-height: normal;</h3>
<div id="LH1">祇園精舎の鐘の声<br>諸行無常の響きあり<br>沙羅双樹の花の色</div>
<h3>line-height: 0.8;</h3>
<div id="LH2">祇園精舎の鐘の声<br>諸行無常の響きあり<br>沙羅双樹の花の色</div>
<h3>line-height: 200%;</h3>
<div id="LH3">祇園精舎の鐘の声<br>諸行無常の響きあり<br>沙羅双樹の花の色</div>
</body>
</html>
```

- 表示例

line-height: normal;

祇園精舎の鐘の声
諸行無常の響きあり
沙羅双樹の花の色

line-height: 0.8;

祇園精舎の鐘の声
諸行無常の響きあり
沙羅双樹の花の色

line-height: 200%;

祇園精舎の鐘の声

諸行無常の響きあり

沙羅双樹の花の色

4.7.9.　文字列関連

text-align	文字列の右、中央、左揃えを指定します。
揃え位置	左left/右right/中央center/両端justify

text-decoration	下線などの飾りを指定します。
飾り	下線underline/上線overline/取り消し線line-through/なしnone/親要素と同じinherit

▶ ex4-15.html

```
<!DOCTYPE html>
<html>
<head>
  <meta charset="UTF-8">
  <title>text-align, text-decoration</title>
  <style>
    h3 { text-align: left; text-decoration: underline; }
    h4 { text-align: center; text-decoration: line-through; }
    h5 { text-align: right; text-decoration: overline; }
  </style>
</head>
<body>
<h3>左寄せ+下線</h3>
<h4>中央揃え+取消線</h4>
<h5>右寄せ+上線</h5>
</body>
</html>
```

• 表示例

左寄せ+下線

中央揃え+取消線

右寄せ+上線

● 4.7.10. テキストの上下位置

vertical-align	行内での上下位置を指定します。
位置指定	添え字の高さsub/上top/中middle/下bottom

▶ ex4-16.html

```
<!DOCTYPE html>
<html>
<head>
  <meta charset="UTF-8">
  <title>vertical-align</title>
  <style>
    span { border: solid thin; }
    .samp { font-size: 64pt; }
    .sub { vertical-align: sub; }
    .top { vertical-align: top; }
    .middle { vertical-align: middle; }
    .bottom { vertical-align: bottom; }
  </style>
</head>
<body>
<h3>vertical-align</h3>
<span class="samp">文字列</span>
```

```
<span class="sub">sub</span>
<span class="top">top</span>
<span class="middle">middle</span>
<span class="bottom">bottom</span>
</body>
</html>
```

• 表示例

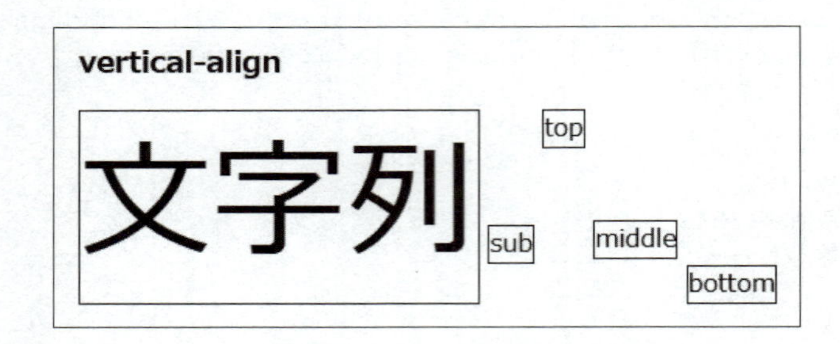

4.7.11.　画像とテキストの位置関係

float	画像をテキストの左または右に寄せて配置します。
配置	移動しないnone/左に寄せるleft/右に寄せるright

clear	float指定された要素が横に来ないようにします。
指定	禁止しないnone/左側を禁止left/右側を禁止right /両側を禁止both/

▶ ex4-17.html

```
<!DOCTYPE html>
<html>
<head>
  <meta charset="UTF-8">
  <title>float, clear</title>
  <style>
    .left { float: left; }
    .right { float: right; }
    .clear { clear: both; }
  </style>
</head>
<body>
<img class="left" src="img1.png" alt="">
<img class="right" src="img1.png" alt="">
<p>じゅげむじゅげむ　ごこうのすりきれ　かいじゃりすいぎょのすいぎょうまつうんらいまつふうらいまつ</p>
<p class="clear">くうねるところにすむところ　やぶらこうじのぶらこうじ　ぱいぽぱいぽぱいぽのしゅーりんがん　しゅーりんがんのぐーりんだい　ぐーりんだいのぽんぽこぴーのぽんぽこなのちょうきゅうめいのちょうすけ</p>
</body>
```

```
</html>
```

• 表示例

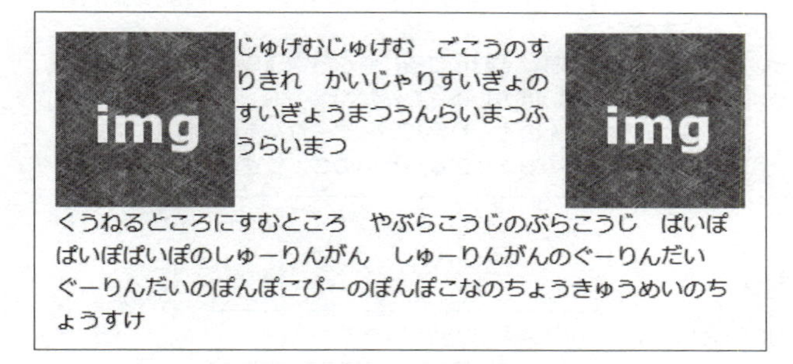

● 4.7.12. リスト

list-style	リストの行頭のマークや番号、配置などを指定します。
種類	黒丸disc/白丸circle/黒四角square/なしnone /数字decimal/ローマ数字upper-roman/漢数字cjk-ideographic /画像url('ファイル名')
位置	マーカーを外に出すoutside/中に含めるinside

▶ ex4-18.html

```
<!DOCTYPE html>
<html>
<head>
  <meta charset="UTF-8">
  <title>list-style</title>
  <style>
    .d { list-style: disc inside; }
    .c { list-style: circle inside; }
    .s { list-style: square outside; }
    .u { list-style: upper-roman outside; }
  </style>
</head>
<body>
<ul>
  <li class="d">じゅげむじゅげむ　ごこうのすりきれ</li>
  <li class="c">かいじゃりすいぎょのすいぎょうまつうんらいまつふうらいまつ</li>
  <li class="s">くうねるところにすむところ　やぶらこうじのぶらこうじ　ぱいぽぱいぽぱいぽ
のしゅーりんがん</li>
  <li class="u">しゅーりんがんのぐーりんだい　ぐーりんだいのぽんぽこぴーのぽんぽこなの
ちょうきゅうめいのちょうすけ</li>
</ul>
</body>
</html>
```

• 表示例

> • じゅげむじゅげむ　ごこうのすりきれ
> 　o かいじゃりすいぎょのすいぎょうまつうんらいまつふうらいまつ
> ▪ くうねるところにすむところ　やぶらこうじのぶらこうじ　ぱいぽぱいぽぱいぽのしゅーりんがん
> IV. しゅーりんがんのぐーりんだい　ぐーりんだいのぽんぽこぴーのぽんぽこなのちょうきゅうめいのちょうすけ

● 4.7.13.　テーブル

caption-side	テーブルの表題captionの場所を指定します。
指定	上に表示するtop/下に表示するbottom

border-collapse	隣り合うセルの枠線を離すか重ねるかを指定します。
指定	離すseparate/重ねるcollapse

▶ ex4-19.html

```
<!DOCTYPE html>
<html>
<head>
  <meta charset="UTF-8">
  <title>caption-side, border-collapse</title>
  <style>
    #capt { caption-side: top; }
    #capb { caption-side: bottom; }
    #col  { border-collapse: collapse; }
    #sep  { border-collapse: separate; }
  </style>
</head>
<body>
<h3>caption-side: top; collapse</h3>
<table id="col" border=1>
  <caption id="capt">表のタイトルは上</caption>
 <tr><td>項目１</td><td>項目２</td><td>項目３</td></tr>
 <tr><td>項目１</td><td>項目２</td><td>項目３</td></tr>
 <tr><td>項目１</td><td>項目２</td><td>項目３</td></tr>
</table>
<h3>caption-side: bottom; separate</h3>
<table id="sep" border=1>
  <caption id="capb">表のタイトルは下</caption>
 <tr><td>項目１</td><td>項目２</td><td>項目３</td></tr>
 <tr><td>項目１</td><td>項目２</td><td>項目３</td></tr>
 <tr><td>項目１</td><td>項目２</td><td>項目３</td></tr>
</table>
</body>
</html>
```

• 表示例

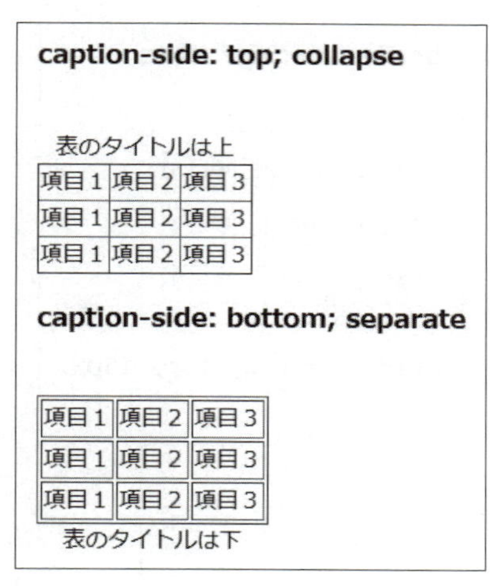

border-spacing	隣り合うセルの枠線を離す間隔を指定します。
間隔	ピクセルpx/センチcm 左右・上下の順に2つ/全方向で同じときは1つ

border-collapseがcollapseになっていると境界線の間隔指定は無視されます

▶ ex4-20.html

```
<!DOCTYPE html>
<html>
<head>
  <meta charset="UTF-8">
  <title>border-spacing</title>
  <style>
    #col  { border-collapse: separate; border-spacing: 15px; }
    #sep  { border-collapse: separate; border-spacing: 15px 45px; }
  </style>
</head>
<body>
<h3>border-spacing: 15px;</h3>
<table id="col" border=1>
 <tr><td>項目1</td><td>項目2</td><td>項目3</td></tr>
 <tr><td>項目1</td><td>項目2</td><td>項目3</td></tr>
 <tr><td>項目1</td><td>項目2</td><td>項目3</td></tr>
</table>
<h3>border-spacing: 15px 45px;</h3>
<table id="sep" border=1>
 <tr><td>項目1</td><td>項目2</td><td>項目3</td></tr>
 <tr><td>項目1</td><td>項目2</td><td>項目3</td></tr>
 <tr><td>項目1</td><td>項目2</td><td>項目3</td></tr>
</table>
</body>
</html>
```

・表示例

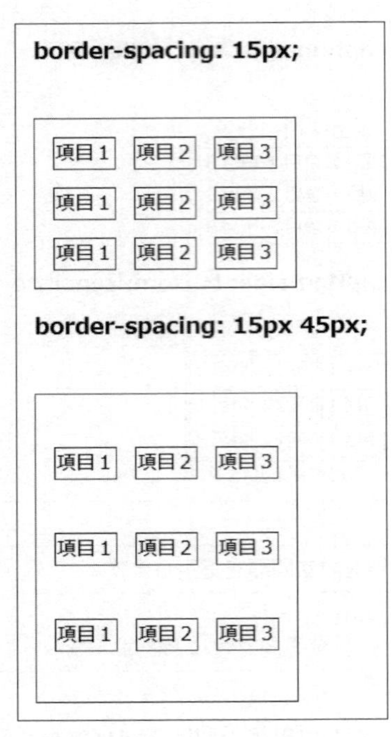
border-spacing: 15px;
項目１ 項目２ 項目３
項目１ 項目２ 項目３
項目１ 項目２ 項目３
border-spacing: 15px 45px;
項目１ 項目２ 項目３
項目１ 項目２ 項目３
項目１ 項目２ 項目３

第2部 JavaScript編

5 JavaScriptとは

5.1 JavaScript

JavaScriptはプログラムを書くための言語（プログラミング言語、プログラム言語）の名前です。プログラムは、コンピュータに実行させる命令を書き並べたものですが、コンピュータに実行させる命令は人には取り扱いにくいので、人に分かりやすい言葉で命令を書き、それをコンピュータの命令に翻訳するツールを使います。この「人に分かりやすい言葉」というのが、プログラミング言語です。言語とはいっても、プログラミング言語の文法は、日本語や英語のような自然言語と比べるとずっと単純で明快です。それは、翻訳先の言語であるコンピュータの命令の種類がごくわずかしかないからです。

一方、さまざまな目的や用途に合わせて、いろいろなプログラミング言語が考案され、工夫が施されてきたので、多数のプログラミング言語が存在します。JavaScriptもその中の1つで、HTML文書中のscript要素の内容としてブラウザに引き渡すことで、ブラウザが持っている実行環境の下で翻訳され実行されます。そのためJavaScriptのプログラムは、新しいブラウザであれば特別な準備をせずに、どれででも実行できます。

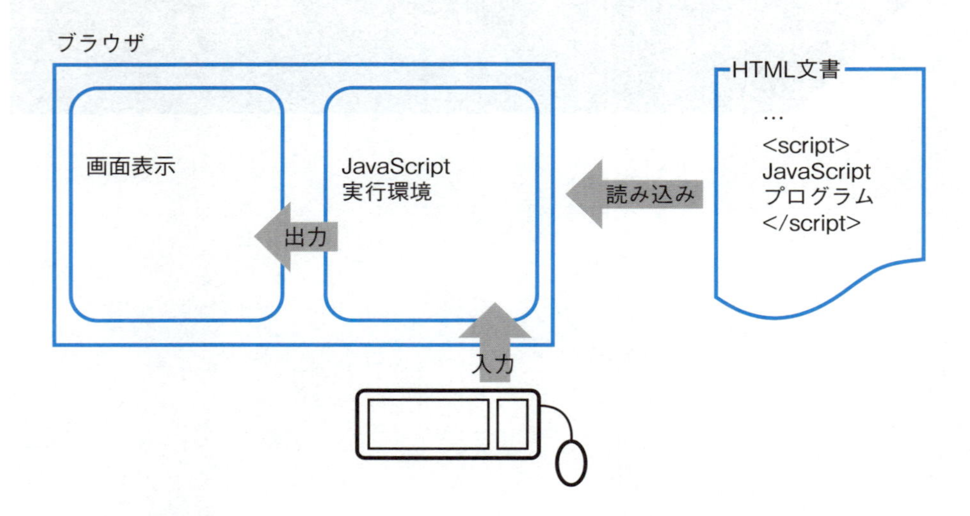

JavaScriptは、1995年にブレンダン・アイク（Brendan Eich）によって、Netscape Navigatorというブラウザ上に実現されました。その翌年1996年にMicrosoftはInternet Explorer 3.0上で動作する同等のプログラミング言語をJavaScriptではなく、JScriptという名前で発表しました。そしてその年の12月には仕様の標準化を目的として、ネットスケープコミュニケーションズ社がECMAインターナショナルに仕様を提供し、1997年にECMA-262という規格になりました。

JavaScriptやJScriptという名前は言語を翻訳するプログラムの名前であり、本来ならプログラミング言語の名前はECMAScript、言語仕様の名前はECMA-262というべきところですが、JavaScriptという名前がプログラミング言語の名前としても用いられています。さらに、JavaScriptで書いたプログラムのことを指すこともあります。

用語

スクリプティング言語

スクリプティング言語は、スクリプトを書くプログラミング言語のことです。スクリプトは、特定の実行時環境（JavaScriptではブラウザ）を前提とするプログラムのことで、実行までの一連の事前処理が自動化されているものです。スクリプトという言葉には、せいぜい数千行程度までの比較的小さなプログラムを指すニュアンスも含まれます。

5.2 JavaScriptの働き

JavaScriptはブラウザのような特定の環境でしか動作しないので、家電製品や自動車などの工業製品に組み込むプログラムには使われません。しかし、JavaScriptはブラウザと一体になった連携動作が得意で、ブラウザ上で果たす役割は重要です。もしJavaScriptがなかったら、表示上の小さな変更や入力値の確認などの小さな処理でも毎回Webサーバを呼び出すことになるので、サーバや通信回線の負荷、操作への応答性に問題を生じるところです。

JavaScriptを使うと、読み込んだHTML文書の内容を書き換えることができます。また、表示しているページに対するユーザの操作をイベント（できごと）として検知できます。これによって、イベントに対するアクション（対応動作）として、表示されている内容を書き換えたり、ブラウザを制御したりできるのです。イベントは、マウスやキーボード、ブラウザ・ウィンドウからのイベントなどいろいろなものを検知できます。JavaScriptを用いると、ページの内容を書き換えるだけでなく、記事を折りたたんだり、表示のスタイルを変更することもできます。

また、フォームに入力された指示に矛盾がないかを調べることもJavaScriptの重要な仕事です。入力操作に対するアクションとしてデータをチェックする処理を用意することで、入力誤りを見つけて報告することができます。さらにAjaxという手法により、非同期通信といって、ページの表示やユーザの操作を妨げずにバックグラウンド処理で必要なデータをWebサイトから入手することもできます。

用語

Dynamic HTML

HTMLとCSSやJavaScriptなどを組み合わせることで、対話型で動きのあるページを作る技術全体をまとめて指す言葉で、DHTMLとも言われます。対話型で動きのあるページとは、ユーザの操作によって表示内容が変化するようなページのことで、ページ上でマウスを移動させると隠れていた部分が表示されたり、表示スタイルが変わったりするほか、必要に応じてデータを別な場所から取り込む機能などが含まれます。

5.3 scriptタグ

JavaScriptのプログラムコードは、HTMLのscript要素の内容として記述します。

▶script　<script>..内容..</script>

- script要素はhead部に書いてもbody部に書いても構いません。body部に書いたコードは、ページを読み込んだときに実行することもできます。
- ブラウザで実行するスクリプトを定義します。HTML5以前は、スクリプティング言語の種類をtype属性で指定していましたが、HTML5ではデフォルト値(指定しなかったときの省略時解釈値)がJavaScriptになったので、type属性を指定しないのが普通です。
- 次のいずれかの書き方で、スクリプトを定義します。
  (1) script要素の「..内容..」としてプログラムコードを書く。
  (2) スクリプトのプログラムコードを外部ファイルに入れておき、src属性に指定する。
  ```
  <script src="XXXXXXX.js"></script>
  ```
  外部ファイルの名称は「〜.js」とします。この場合、script要素の内容は空でなければなりません。
- 例
  ```
  <script>
    document.write( "スクリーンの幅 ", screen.width, "<br>" );
  </script>
  ```

CSSを指定する方法には、インライン指定、内部指定、外部指定の3つがありました。JavaScriptコードも同様で、上の書き方(1)が内部指定、(2)が外部指定形式です。インライン指定は、イベントハンドラの定義に用いられます。なおイベントハンドラは、主に操作への応答として起動される処理のことです。HTML要素をクリックしたときはonclick、マウスカーソルが上に来たときはonmouseover、内容が書き換えられたときはonchange、という具合にイベントごとに属性が用意されています。

NOTE　scriptタグ内のコメント

script要素を次のように書くことがあります。

【A】

```
<script>
<!--
..スクリプトの内容..
// -->
</script>
```

または

【B】

```
<script>
// <!--
..スクリプトの内容..
// -->
</script>
```

これらはどちらもscriptタグをサポートしていないブラウザに配慮した書き方です。ブラウザは、自分が知らないタグを見つけると、それを無視して(見なかったことにして)処理を続行します。そのためscriptタグを知らない古いブラウザでは、スクリプトの内容が画面に表示されてしまいます。
それを避けるために、【A】はスクリプトの内容全部をHTMLコメントの中に押し込んでいます。それだけでは、JavaScriptがコメントの終端を読んでしまうので、//をつけてJavaScriptのコメントにしています。また、コメントの開始部もJavaScriptのコメントにした【B】の形も用いられました。
JavaScriptプログラムの実行には、scriptタグをサポートしないブラウザは使えないので、本書ではそのようなブラウザに対する配慮は行わず、このような書き方はしません。逆に、HTMLのコメント内には"--"という文字列を含むべきでないとされていますし、JavaScriptには"--"という演算子があって混乱を招くので、むしろこのような書き方を避けるべきです。

5.4 JavaScriptの有効化

ブラウザがJavaScriptを実行する機能を持っていても、その機能が無効化されているとscript要素が丸ごと無視されます[*4]。JavaScriptの機能が有効になっていないと、これ以降の学習に支障があるので、それを確認しておきましょう。

次の例題では、あなたのブラウザでJavaScriptが有効になっているのか無効なのかを調べます。そのために、次のタグを使います。

▶**noscript**　<noscript>**..内容..**</noscript>

- ブラウザでscriptを使えないときに画面に表示する内容を指定します。

例題 5-1

次のHTMLコードをファイルに保存し、ブラウザで表示しなさい。

▶ **ex5-1.html**

```
<!DOCTYPE html>
<html>
  <head>
    <meta charset="UTF-8">
    <title>あなたのJavaScriptは？</title>
  </head>
  <body>
    <script>document.write( "有効です。" );</script>
    <noscript>無効です。</noscript>
  </body>
</html>
```

noscript要素の内容はテキストですが、script要素の内容はJavaScriptのプログラムでなければならないので、単に「有効です」と書いても表示されません。document.writeという命令（メソッド）を使って表示します。

▶**形式**　　document.write(**式1, 式2, 式3,…**)

- HTMLやJavaScriptのコードをドキュメントに書き込みます。
- 式には、文字列や計算式など書こうとするものを指定します。コンマで区切って書き並べると、指定した順に連結されます。
- 例

```
<script>
document.write( "2 + 3 = ", 2 + 3 );
</script>
```

結果

```
2 + 3 = 5
```

＊4　「【NOTE】scriptタグ内のコメント」で説明した問題が起こるのはブラウザがJavaScriptの実行機能を持っていないときです。無効化した状態では、script要素の内容がテキストとして表示されることはありません。

「有効です。」と表示されましたか？もし、「無効です。」と表示されたら、これよりあとの学習ができないので、JavaScriptを実行できるようにブラウザの設定を変更してください。JavaScriptを有効にする方法は、ブラウザによって異なります。

● Chromeのとき

1. 右上の設定ボタンで［設定］をクリックし、一番下にある［詳細設定を表示...］をクリックします。
2. 中ほどにある［プライバシー］の［コンテンツの設定...］をクリックします。
3. ［コンテンツの設定］パネルのJavaScriptで［すべてのサイトでJavaScriptの実行を許可する(推奨)］をクリックし、［完了］をクリックします。

● Internet Explorerのとき

1. ［ツール］メニュー →［インターネット オプション］で、［セキュリティ］タブをクリックします。
2. ［インターネット］をクリックし、［レベルのカスタマイズ］をクリックします。
3. ［セキュリティ設定 - インターネット ゾーン］で、［スクリプト］の中の［アクティブ スクリプト］で［有効にする］を選んで、［OK］をクリックします。
4. ［このゾーンの設定を変更しますか？］の警告で［はい］をクリックし、［インターネット オプション］で［OK］をクリックしてパネルを閉じます。
5. ［ツール］メニュー →［インターネット オプション］で、［詳細設定］タブをクリックします。セキュリティの中の「マイコンピュータのファイルでのアクティブコンテンツの実行を許可する」にチェックを入れ、［OK］をクリックします。
6. Internet Explorerをいったん終了してから、起動します。

● Firefoxのとき

1. アドレスバーに`about:config`と入力して改行キーを押します。
2. 「動作保護対象外になります！」と表示されるので、［細心の注意を払って使用する］をクリックします。
3. 設定名の中に`javascript.enabled`があります。見つけにくいときは、上部の検索窓を使ってください。その値がfalseになっているので、ダブルクリックしてtrueに変更します。
4. 誤操作を避けるため、変更したらすぐにタブまたはブラウザを閉じてください。

5.5 簡単なプログラム

JavaScriptを使うと、クリックなどの操作によってHTML文書の中身を書き換えることができます。次の例題でそれを試します。

例題 5-2

ex5-2.htmlに示すプログラムは、ディスプレイやウィンドウのサイズを表示し、ボタンを押すと文書の内容が現在時刻に変わるプログラムです。このプログラムを入力して、動作を確かめなさい。

▶ ex5-2.html

```
<!DOCTYPE html>
<html>
<head>
  <meta charset="UTF-8">
  <title>あなたの環境は</title>
</head>
<body>
  <h3>あなたの環境は</h3>
  <script>
  document.write( "スクリーンの幅 ", screen.width, "<br>" );
  document.write( "スクリーンの高さ ", screen.height, "<br>" );
  document.write( "ウィンドウ内部の幅 ", window.innerWidth, "<br>" );
  document.write( "ウィンドウ内部の高さ ", window.innerHeight, "<br>" );
  </script>
  <button type="button" onclick="document.write( new Date() );">
  時刻を表示する</button>
</body>
</html>
```

次に実行結果の例を示します。

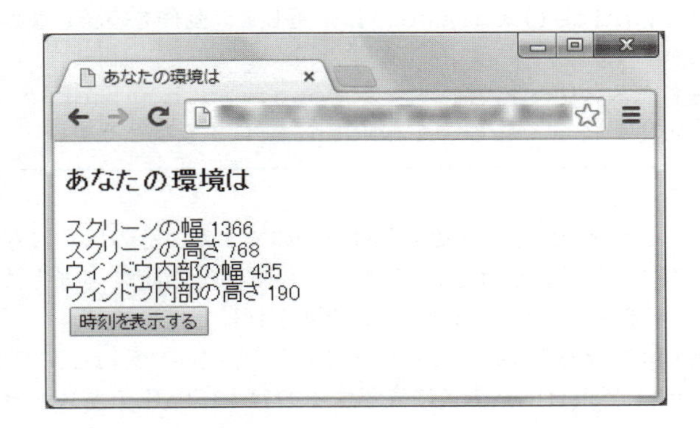

[時刻を表示する] ボタンをクリックすると、それまで表示されていた画面の内容が消えてしまいます。これは、いったんdocument（文書）を表示したあとにdocument.write()を使うと、それまでの内容と置き換えられるからです。body部にあるscript中のdocument.write()は読み込んだときに実行されますが、buttonの中のdocument.write()はonclick属性に指定されているので、ボタンをクリックしたときに実行されることに注意してください。

screen.widthとscreen.heightは画面の解像度の値です。window.innerWidthとwindow.innerHeightはツールバーなどを除いたブラウザ・ウィンドウの内側寸法です。いずれも画素（ピクセル）の数で表現されています。

Dateは日付や時刻に関する情報や処理がパッケージされたオブジェクトで、new Date()とすると現在の日時が入手できます。後ほど説明しますが、オブジェクトは1つのことがらに関する情報（状態変数）や処理手続き（メソッド）をパッケージにしたデータをいいます。環境やユーザの好みに合わせて表示内容を調整できるのは、あらかじめ用意されている組込みオブジェクトを使って、ユーザの指示を受け取ったり、HTML文書の内容を更新したりできるからです。

● alert

alert（アラート）は、alertボックスという小さなウィンドウの中にメッセージやプログラム中のデータ値を表示するメソッドです。

▶**形式**　　alert(**"メッセージ"や変数名**);

- 指定したメッセージや変数値をalertボックスという小さなウィンドウに表示します。
- windowオブジェクトのメソッドであり、正式にはwindow.alert()です。一般にwindowオブジェクトを示す「window.」は省略できます。
- alertボックスの［OK］をクリックするまで、処理は停止します。
- 例

```
alert( "ここまでの合計は、" + total + " です。" );
```

alertには警告という意味がありますが、警告以外の目的にも自由に使えます。プログラムの処理を途中で止めて、そのときのデータ値を確認できるので、プログラムの処理の流れや動作を確認するときに便利です。プログラムの不具合修正（デバッグ）にも使います。

例題 5-3

例題5-2のdocument.write()をalert()に変更して、動作を確認しなさい。
変更はたとえば、
document.write("スクリーンの幅 ", screen.width, "<br>");を
alert("スクリーンの幅 " + screen.width);にするなどです。

document.write()をalert()に変更すればよいのですが、そのほかにも次の点が変わります。

- document.write()では、","をはさんでいくつもの値を指定できましたが、alert()は1つだけです。そのため、"+"を使って値を結合し1つの文字列にしています。
- document.write()は、body部にHTMLの文を書き込むので"
"で改行しないとつながってしまいます。alert()がalertボックスに表示するのは、HTMLテキストではありません。

▶ **ex5-3.html**

```
<!DOCTYPE html>
<html>
<head>
  <meta charset="UTF-8">
  <title>あなたの環境は</title>
</head>
<body>
  あなたの環境は<br>
  <script>
  alert( "スクリーンの幅 " + screen.width );
  alert( "スクリーンの高さ " + screen.height );
  alert( "ウィンドウ内部の幅 " + window.innerWidth );
  alert( "ウィンドウ内部の高さ " + window.innerHeight );
  </script>
  <button type="button" onclick="document.write( new Date() );">
```

```
    時刻を表示する</button>
  </body>
  </html>
```

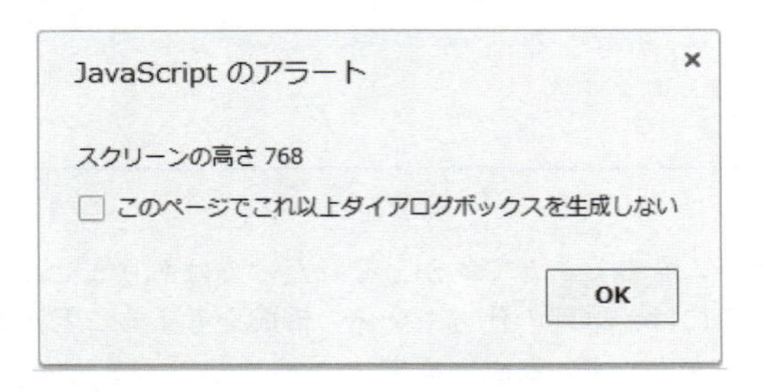

この図は、2つめの項目「スクリーンの高さ」を表示した例です。alert()を続けて呼び出すと、「このページでこれ以上ダイアログボックスを生成しない」などのチェックボックスが表示されることがあります。これは、alertが繰り返し表示されてページを閉じることができなくなるのを避けるための機能です。

NOTE ポップアップ・ウィンドウ

alertボックスのように表示される小さなウィンドウをポップアップ・ウィンドウといいます。alert()と同じようなポップアップ・ウィンドウを表示するメソッドに、confirm()やprompt()があります。
alert()には[OK]ボタンしかなかったのですが、confirm()には[OK]と[キャンセル]の2つのボタンがあります。そのため、ユーザの応答により、そのあとの処理を分けることができます。
さらに、prompt()では[OK]と[キャンセル]のほかにデータ入力域があります。そこに入力された値は、[OK]をクリックしたときにプログラムに引き渡されます。

alertを表示すると、[OK]をクリックするまで処理が停止するので、1つ1つ確認しながら処理を進めるには便利ですが、表示内容を残したいときやクリックするのが煩わしいこともあります。そのようなときは後述するconsole.log()というメソッドを使うのが便利です。

6 JavaScriptの基礎知識

6.1 基本

● プログラミングとは

プログラミングはプログラムを書くことですが、それだけではありません。書き並べた命令で、ひとまとまりの処理を実行させるには、処理の仕方や全体の構成を考えることが不可欠です。小説を書くのと対比させるとイメージがつかみやすいと思います。

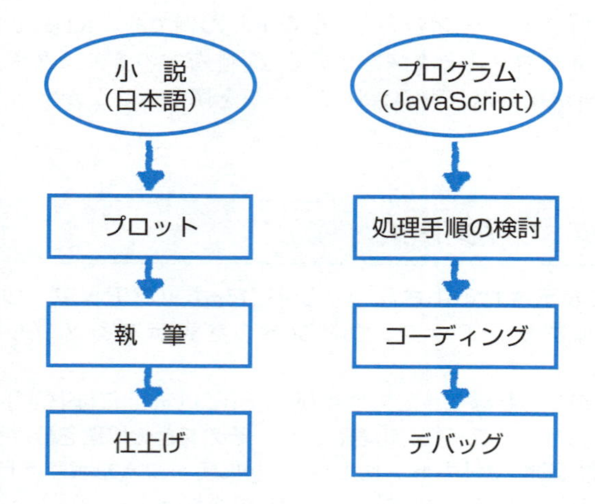

ある程度の文法知識は前提になりますが、文法だけで良い小説や、プログラムが書けるわけではありません。むしろ、執筆前の題材の吟味やストーリーの組み立て、プログラムでいえばコーディング前の処理手順の検討が重要です。

日本語が英語になっても、この流れは大きく変わらないだろうと思われますが、プログラミング言語でも同じことです。コーディング作業で用いる言語が違っても、プログラムの作り方や考え方の大部分は同じですから、JavaScript以外のプログラミング言語を使うときにも役に立つはずです。

このあと、基礎知識に続いて、演算子や制御文を説明します。それで最小限の文法知識が揃うので、最大値を求めるプログラムやソートのプログラムを使ってプログラムを作る過程を案内します。最後に、オブジェクトに関する話題や、グラフィック出力などのプログラム例を紹介します。

NOTE コンピュータが人だったら

コンピュータを人になぞらえるなら、その人は「極めて有能だけれど、全く常識をわきまえない人」といえるでしょう。仕事は速く、覚えたことは忘れない。疲れ知らずで、同じことを何万回繰り返しても平気だし、大小比較なら決して間違えない。しかし、当たり前ですが人間の常識が全くありません。

たとえば、こんな具合です。「タマゴを買ってきて」と言えば、人は特に指定がなければニワトリのタマゴと解釈します。コンピュータは、ウズラのタマゴを用意するかもしれません。「なかったら、帰っておいで」とわざわざ言っておかないと、何をするか分かりません。ほかの店を探す場合には、その順序や範囲をはっきり示さないと、飛行機に乗って外国に行ってしまうかもしれません。

プログラムは、そんなコンピュータを相手にしているのです。ですから、処理中に起こり得るすべてのことを考慮し、曖昧な部分を残さないようにプログラムを作らないと、タフなプログラムを作ることができないのです。

● ステートメント

ステートメントは「文」のことであり、プログラムはステートメントを書き並べたものです。それぞれのステートメントはセミコロン(;)で区切ります。

```
ステートメント1;
ステートメント2;
ステートメント3;
      :
```

ステートメントの区切りはセミコロン。

上から順に実行される

NOTE セミコロンの自動挿入

JavaScriptは、必要なセミコロンが欠けていると判断すると、そこに自動的にセミコロンを挿入して解釈します。たとえば、行末のセミコロンをつけ忘れてもエラーにならないのは、この機能によるものです。
もちろん、いつも正しい場所に自動挿入されるとは限らないので、セミコロンを忘れないようにしましょう。

JavaScriptでは、英大文字と英小文字を区別します。たとえば、2つの名前totalとTotalは別ものです。JavaScriptからHTML要素を操作するときに`getElementById()`という関数を使いますが、EとBとIだけが大文字です。このような各単語の先頭文字を大文字にして空白を省いた表記法をキャメルケースといいますが、JavaScriptのプログラムでよく使われます。間違えないよう注意してください。なお、キャメルケース(Camel case)の名称は、大文字をラクダのコブに見立てたものです。

似てても違う　　大文字小文字は区別されます

○ getElementById
× GetElementbyID

6.2 定数

定数は1つの値を表すものです。定数といっても数値だけではなく、文字列や論理値(true/false)の定数もあります。JavaScriptの定数は、その値を直接に書き表したもので、リテラル(literals)とか直定数(ちょくていすう)とも呼ばれる種類のものです。リテラルに対して「名前つき定数」という種類の定数がありますが、JavaScriptでは制限を受けます(【NOTE】を参照してください)。

● 数値定数

数値を表す定数です。小数点や指数部を含むことができます。

数値定数の例	753 3.14 2.997925e10　　// 2.997925×10^{10} 5.2917715e-9　　// 5.2917715×10^{-9}

● 文字列定数

文字列は単引用符(')または二重引用符(")で挟みます。定数値のうち、全角文字を含むことができるのは文字列だけです。

文字列定数の例	'Now is the time' "パスワードが違います" "753"

文字列が引用符を含んでいるときは、そこで引用が閉じられてしまうのを避けるために、含まれている引用符ではない方の引用符で挟みます。

	内容	文字列定数
引用符の使い方	Don't worry. Be happy She said to him "Say hello." "Don't worry. Be happy"	"Don't worry. Be happy" 'She said to him "Say hello."' '"Don\'t worry. Be happy"'

最後の例のように両方の引用符を含んでいるときは、バックスラッシュ"\"を使います。バックスラッシュに続く引用符は、文字列定数を挟む役割を持たない引用符として扱われます。なお、日本語環境ではバックスラッシュの代わりに円の通貨記号が表示されます。

● 論理値定数

論理値は真偽値のことで、true(真)またはfalse(偽)のいずれかの値をとります。

NOTE　名前つき定数(constants)

プログラム中の定数が何を示すかが、分かりにくい場合があります。定数の値からその意味が明白でないときは、プログラムが読みにくくなるので、定数値の代わりに「定数につけた名前」が書けると便利です。そのような定数が名前つき定数です。

英語ではconstantsであり、literalsとは別ものだと分かるのですが、日本語ではどちらも定数としているので混乱が生じます。

名前つき定数は、まだ全部のブラウザで使えるようにはなっていません。そのため、名前つき定数を使いたいときは、「値を変更しない約束の変数」で代用することがあります。よく見かけるのは、普通の変数と区別するために、変数の名前を全部大文字にするというルールです。たとえば、「var ONEDAY = 86400;」のような書き方です。変数については次節で説明します。

6.3 変数

変数とは、値を保持する器のことです。器に値を入れたり、中の値を参照するときには、その器の名前、すなわち変数名を使います。

変数名には、その中身が何かが分かるような名前をつけます。たとえば、ユーザ名ならusername、パスワードならpasswordという具合です。変数に保存してある値は、必要なときにいつでも参照したり、書き換えたりできます。もちろん、書き換えたときに元の値は失われます。

● 変数名に使える文字

変数名に使える文字は、半角の英大文字、英小文字、数字、そして"$"、"_"です。ただし、変数名の先頭には、数字は使えません。"$"や"_"で始まる名前は、一般ユーザが使う変数名とかち合うのを避けるために、システムの特別な変数に使うことがありますから、使わない方が無難です。もちろん、大文字と小文字は別な文字として区別されます。

● 変数の宣言

変数を使うときには、宣言をします。といっても"var"に続けて変数名を書くだけです。次に例を示します。

変数宣言の例	`var age = 20;        // 宣言して初期値を与える`
	`var x;                // 変数の宣言のみ`
	`var i, j = "jay";     // iとjをまとめて宣言する`
	`var z = null;         // 初期値としてnullを与える`
	`var p = q = 1;        // 誤り！`

変数ageのように、宣言するときに初期値を与えることができます。変数xのように宣言だけで初期値を指定しなくても構いません。そのときは、値を代入するまでundefined(未定義)という値をとります。さらに、変数iとjのように、1つの宣言文に初期値を与えないもの(i)と、初期値を与えるもの(j)が混じっていても構いません。

zの初期値として与えているnullは、値が入っていないことを示す値です。undefinedは、未定義、つまり全く中身が分からない状態ですが、nullは空だということが分かっている状態です。変数は器のようなものだと説明しましたが、中身を入れていない容器は空でも、中身を入れていない変数は空（null）にしないと、undefinedの状態なのです。

最後の宣言文は要注意です。pは宣言できていますが、qは宣言せずに使う扱いになります。後述しますが、宣言のない変数は扱いが異なり混乱を招くので、宣言に漏れがないように注意してください。

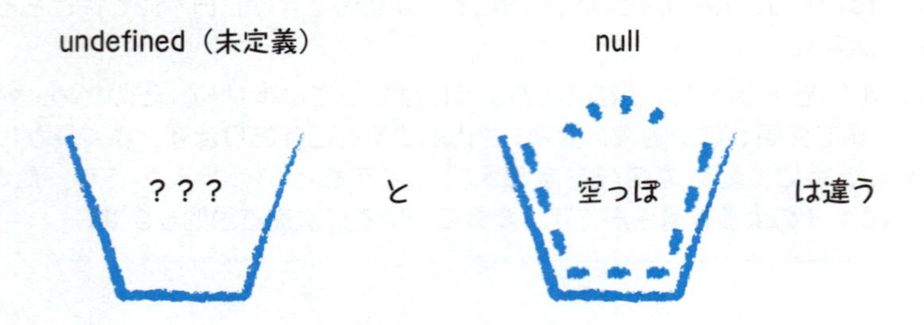

多くのプログラミング言語では、変数を宣言するときに「その変数には文字を入れるのか、数値なのか…」に応じて変数の型を決めてしまいます。しかし、JavaScriptではダイナミック・タイピングといって、与えられた値に応じて変数が対応する仕組みを持っているので、変数宣言のときにデータ型を指定する必要がありません。

JavaScriptの変数は　…　代入された値に応じて
適切なデータ型になる

文字列
数値
論理値
（true/false）
その他
（配列やオブジェクト…）
いずれかの型で
取扱いできる
ようになる

● 変数は宣言して使おう

変数は必ずvarを使って宣言してください。宣言は、先頭部分にまとめておくようにしましょう。プログラムが見やすくなるだけでなく、var文による初期値設定を確実にするためにも必要です*5。

JavaScriptの変数は宣言なしで使うことができますが、次のような違いがあります。

変数を宣言するのは、

「ここではこの変数を使います。よそに同じ名前の変数があっても無関係だからね。*6」

---

*5　var文で与えた初期値が変数に格納されるのはvar文を実行したときです。そのため、var文より前にその変数を使うと、初期化せずに使うことになります。

*6　「よそ」とは、プログラムを分割して作るときの別なプログラム部分などを指します。

と伝える意味があります。

宣言していない変数は、

「なかったら作ってください。よそにあったら、それをそのまま使います。」

という取り扱いになります。

簡単なプログラムでは宣言せずに使う例を見かけます。それは自分ひとりで作る小さなプログラムに限れば問題ないとの判断によるものでしょう。

宣言せずに使えるのは便利なようですが、別なプログラム部分に同じ変数名があると、その値を壊したり壊されたりしてしまう恐れがあります。さらに、変数名を打ち間違えると新しい別な変数が知らないうちに用意され正しく動かなくなります。「"use strict";」という宣言をすると、構文チェックが厳しくなり、宣言のない変数が報告されるようになります(後述のブラウザのデバッガ機能で試すことができます)。

NOTE グローバル変数

宣言のない変数は、グローバル変数という、どこからでも読み書きができる種類の変数になります。グローバル変数は、別なプログラム部分とのデータ共有という重要な役割を担う変数です。そのような重い役割を果たす変数ですから、宣言を省略できても省略したりせず、必ずグローバル変数としての宣言をしてから使いましょう。

● 宣言してみる

説明が続いたので、次の例題でここまでの内容を確認しましょう。

例題 6-1

ex6-1.htmlは、定義した変数を使って、その内容をalert()で表示するプログラムです。それぞれ、どんな値が表示されるでしょう？

結果を予想したら、実際にプログラムを書いて実行し、確かめなさい。

▶ ex6-1.html

```
<!DOCTYPE html>
<html>
<head>
  <meta charset="UTF-8">
  <title>変数定義</title>
</head>
<body>
  変数の内容を表示します
  <script>
  var theme = "好きなテーマでレポートを書きなさい";
  var title = "";
  var studentID = null;
  var pages, tate = 20, yoko = 20;
```

```
    alert( "theme " + theme );
    alert( "title " + title );
    alert( "studentID " + studentID );
    alert( "pages  " + pages );
    alert( "tate " + tate );
    alert( "yoko " + yoko );
    </script>
  </body>
  </html>
```

変数の値を正しく予想できましたか？

themeとtitleは指定した文字列が表示されます。「""」と書くと、長さ0の文字列を表します。「空っぽ」を示す値のnullとは、異なるものですから区別しましょう。

pages、tate、yoko 3つの変数はまとめて宣言しています。pagesには初期値を指定していないのでundefinedとなります。tateとyokoにはそれぞれ20という初期値を入れています。

変数名の大文字と小文字を間違えるとどんなことが起こるか、次の例題で確かめましょう。

例題 6-2

変数名の先頭を大文字に変えた名前で参照したとき、どうなるかやってみなさい。

ex6-1.html で、たとえば変数pagesを参照している箇所をPages（先頭を大文字）に変えます。

```
alert( "pages " + Pages );
```

これを実行すると、studentIDの内容が表示されたあと、alertダイアログが表示されません。それはPagesという変数は宣言されていないためエラーとなり、そこでプログラムの実行が終わるためです。

次は、自分で変数を定義し、初期値を定数で代入してみましょう。

例題 6-3

次のような変数を定義して初期値を指定し、その内容をalert()で表示しなさい。

変数の内容	初期値
商品名	ノートPC
商品コード	5136A
サイズ（インチ数）	15.6

変数の名前も自分で考えて決めなさい。

ex6-1.htmlの<script>～</script>の内容をこれらの変数定義に書き換えてex6-2.htmlとして保存し、実行しなさい。

解答例

▶ ex6-3.html

```
<!DOCTYPE html>
```

```
<html>
<head>
  <meta charset="UTF-8">
  <title>変数定義</title>
</head>
<body>
  変数の内容を表示します
  <script>
  var name = "ノートPC";
  var code = "5136A";
  var inch = 15.6;
  alert( "name " + name );
  alert( "code " + code );
  alert( "inch " + inch );
  </script>
</body>
</html>
```

変数名は内容をよく表したものを選びましょう。商品コードの内容には、数値だけでなくアルファベットも含まれていますから、5136Aは引用符で挟んで文字列としなければなりません。文字列は単引用符(')で囲んでもOKです。

Tip プログラムのどこから書き始めるか？

普通の文章は上から書きますが、プログラムではよほど簡単なプログラムでない限り、なかなか上から順番には書けないものです。

その一例が変数の宣言です。上に述べたように、変数はコードの先頭部分でまとめて宣言します。しかしプログラムを書き始めたところで、その中で使う変数が全部分かっているはずがありません。新しい変数が必要になったときに、宣言を追加すればよいのです。

こう書くと、当たり前じゃないかと思うでしょうが、プログラミングを始めたばかりのころは、宣言を済ませずに先に進むのを落ち着かなく感じるようです。プログラムは完成するまでは不完全なものですから、不完全なまま先に進むのを気にする必要はありませんよ。

プログラムは一気に書けないもの！
最後にバッチリ完成させる！
//変数宣言部
//処理を見当
処理に必要となった変数を
あとで宣言したり・・・
値のチェック処理を追加したり・・・

6.4 配列

配列(Array)を使うと、いくつもの値をまとめて保持できます。無関係な値をまとめても無意味ですが、同じ意味合いのデータをまとめておくと、繰り返し処理でそれぞれに同じ処理ができるなど、多くのメリットが得られます。実際のところ、バラバラの変数に入っていたら取り扱いができません。

配列に含まれる1つ1つの変数を配列要素(Array element)と呼びます。

● 配列の宣言

配列の宣言は次のようにします。

```
var sweets = new Array();
```

これでsweetsという名前の配列が用意されました。配列を宣言するときに、配列要素の数を指定することもできますが、指定しなくても構いません。

「配列」を使うことを宣言

var sweets = new Array();

(配列名)

配列要素の数はまだ決まっていない

値を格納するときは、どの配列要素に格納するかを指定します。配列要素の指定には、配列要素番号を使います。配列要素番号は0から始まります。

```
sweets[0] = "プリン";
sweets[1] = "タルト";
sweets[2] = "フランボワーズ";
```

この例で使っている等号("=")は代入演算子という演算子です。代入演算子は、等しいと言っているのではなく、右辺の値を左辺の変数に代入するという指示を示すものです。変数の初期値を代入するときにも使いましたね。

配列名[配列要素番号]に値を入れる

sweets[0] = “プリン”;　sweets[1] = “タルト”;　sweets[2] = “フランボワーズ”;

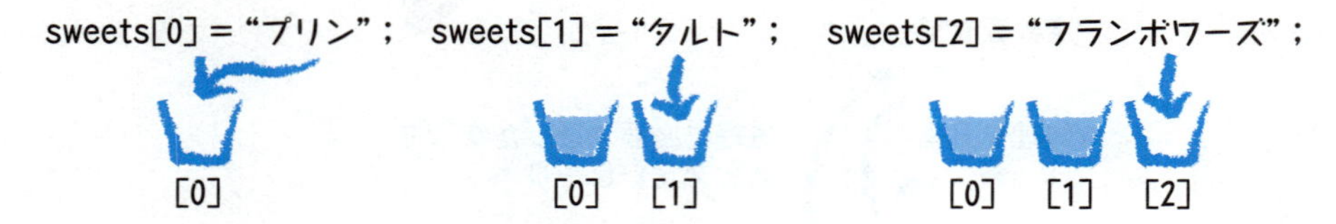

指定した値で、要素が追加されていく

宣言と同時に初期値を代入する場合には、次のようにします。

```
var sweets = new Array( "プリン", "タルト", "フランボワーズ" );
または、
var sweets = [ "プリン", "タルト", "フランボワーズ" ];
```

どちらの形で初期値を与えても、用意される配列は全く同じです。

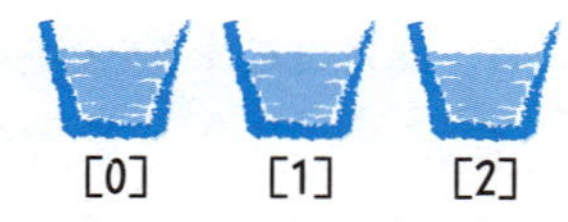

● 配列要素の型

JavaScriptの配列は、それぞれの配列要素のデータ型が同じである必要がないという特徴があります。たとえば、次の例では論理値、文字列、数値のデータが混ざっています。

```
var mixed = [ false, "負の値", 2.54, 1000, "正の値", true ];
```

単一のデータだけでなく、次のように、別な配列を配列要素に格納することもできます。

```
var cakes = [ "イチゴ", "チョコレート", "チーズ" ];
var sweets = [ "プリン", "タルト", "フランボワーズ", cakes ];
```

例題 6-4

ex6-4.htmlのプログラムを実行したとき、alertボックスに何が表示されるかを考えなさい。

▶ ex6-4.html

```
<!DOCTYPE html>
<html>
<head>
  <meta charset="UTF-8">
  <title>配列要素に配列を保存する</title>
</head>
<body>
  配列要素に配列を保存する
  <script>
  var cakes = [ "イチゴ", "チョコレート", "チーズ" ];
  var sweets = [ "プリン", "タルト", "フランボワーズ", cakes ];
  alert( sweets[0] );
  alert( sweets[3] );
  alert( sweets[3][2] );
  </script>
```

```
</body>
</html>
```

sweets [0] は、配列sweetsの先頭要素ですから「プリン」が表示されます。sweets [3] の内容は、別な配列cakesですから「イチゴ,チョコレート,チーズ」と表示されます。sweets [3] [2] は、sweets [3] の配列要素番号2の要素、つまりcakesの3番目の要素なので「チーズ」と表示されます。

● 配列の操作

【配列要素の更新】

配列要素の内容をあとで書き換えるには、配列要素番号を指定して、新しい値を代入します。たとえば、sweetsの先頭要素を"プリン"から"シュークリーム"に変えるなら、次のようにします。

```
var sweets = [ "プリン", "タルト", "フランボワーズ" ];
sweets[0] = "シュークリーム";
```

【配列要素の追加】

配列要素番号を指定して値を代入したとき、その要素がないと、新しい要素として追加されます。最初に配列の宣言のところで示した、サイズを指定せずにnew Array()で用意した配列に要素を作っていくのと同じ仕組みですが、要素番号が連続していなくても構いません。

```
sweets[99] = "究極のスイーツ";
```

この例では、sweets配列の要素番号99、つまり先頭から100番目の要素に"究極のスイーツ"という値が入り、sweetsの配列要素数は0～99までの100個となります。なお、まだ値を指定していない途中の要素にはundefinedという値が入ります。

配列要素の更新と追加を実際にやってみましょう。

例題 6-5

次のex6-5.htmlでは、"プリン", "タルト", "フランボワーズ" のsweets配列を用意し、次の更新や追加を行います。

- 先頭から2番目の"タルト"を"マカロン"に変更する。
- 先頭から50番目の要素として、"進化形のスイーツ"を追加する。

配列操作の前後で、document.write()により要素の値を表示するようになっています。

ブラウザに読み込んで実行し、動作を確認しなさい。

解答例

▶ ex6-5.html

```
<!DOCTYPE html>
<html>
<head>
  <meta charset="UTF-8">
  <title>配列を操作する</title>
```

```
  </head>
  <body>
    <h1>配列を操作する</h1>
    <script>
    var sweets = [ "プリン", "タルト", "フランボワーズ" ];
    document.write(
        sweets[0] + ", " + sweets[1] + ", " + sweets[2] + "<br>" );
    document.write( "<p>配列要素の更新や追加を行う</p>" );
    //配列の操作
    sweets[1] = "マカロン";
    sweets[49] = "進化形のスイーツ";
    document.write(
        sweets[0] + ", " + sweets[1] + ", " + sweets[2] + "<br>" );
    document.write( "50番目は " + sweets[49] );
    </script>
  </body>
  </html>
```

くどいようですが、配列の要素番号は0から始まるので、先頭から2番目の要素はsweets[1]、50番目の要素はsweets[49]です。

配列の要素数は、配列名.lengthで調べることができます。

```
sweets.length
```

最大の配列要素番号は要素数よりも1小さい値です。次の図のnは「配列名.length - 1」です。

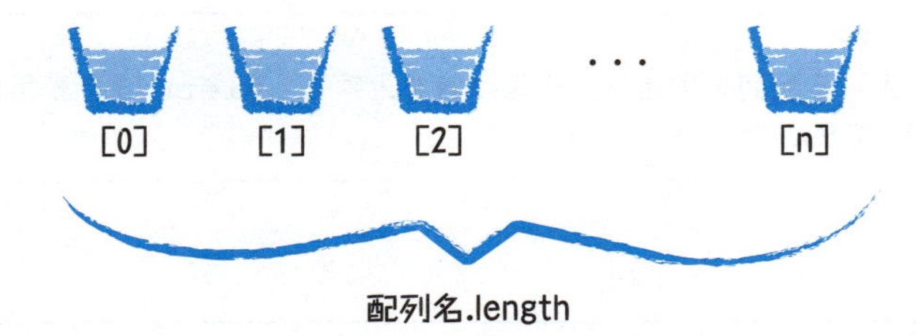

先ほどの例題で、このlengthを使って、配列の要素数を表示してみましょう。

例題 6-6

例題6-5で、50番目の要素を作ると、配列の要素数が増えたことを確かめます。
「sweets[49] = "進化形のスイーツ";」の前後でalert()を使って配列要素数を表示し、比較しなさい。

alert(sweets.length);で表示します。配列操作前の要素数は3、sweets[49]に値を代入したあとの要素数は50と表示されます。配列の長さが変わったことが分かります。

【配列のしっぽ切り】

lengthの値を更新することもできます。そのことを使って、配列を短くすることができます。

```
sweets.length = 10;
```

このように書くと、要素数10までで配列の後が切られ、sweets[0] ～ sweets[9]の配列になります。なお、lengthを大きくして要素数を増やすこともできますが、あまり意味がありません。なぜなら、追加されるのはundefinedの要素であり、あとから値を入れて使うので二度手間になるからです。

NOTE　配列の途中にある要素の削除

参考のため、配列の途中にある要素を削除する機能を紹介します。
(1) delete演算子…要素の値をundefinedにする(配列のlengthはそのまま)
　　(例) delete sweets[2];とするとsweets[2]の値を未定義(undefined)にできる。
(2) splice()メソッド…配列の途中を削除し、要素番号を詰める(lengthが変わる)
　　(例) sweets.splice(1, 2);とするとsweets[1]から2要素を削除して詰める
splice()は、物理的にその配列の途中を削除してつなぎ合わせるのではなく、配列の途中を抜いた別の配列を作ります。そのため、処理速度やメモリの効率が問題になることがあります。

自分で配列を宣言し、値を表示して、理解を深めましょう。

例題 6-7

3日間の売上金額を入れる配列を宣言し、任意の値を入れて、alert()で表示しなさい。配列の宣言は「new Array()」を使いなさい。

例題 6-8

次のようにして、曜日の名前を表示しなさい。
宣言と同時に初期値を代入する書き方を使って、一週間の曜日の名前を配列に入れなさい。その配列要素の内容をdocument.write()でブラウザに表示しなさい。
できれば、順序なしリスト(ul)の要素(li)として出力してみましょう。

6.5 関数

配列ではデータをまとめましたが、関数は「一定の仕事をするための命令コード」をまとめる仕組みです。関数を呼び出すと、その中に書かれている命令コードが実行されます。書かれている命令コードは変わらなくても、処理の対象となるデータを引数(ひきすう、arguments)として関数に引き渡すので、いろんなデータを処理できます。

関数にすると、次のようなメリットがあります。

1. その処理の中身を知らなくても使える
   そのためプログラムの見通しが良くなり、単純な機能を持った関数を組み合わせて複雑なプログラムを作ることができるようになります。
2. 独立性が高くなる
   部品としての再利用や、関数内の処理方法の変更がしやすくなります。

多くの機能が組み込み関数として、いつでも使えるように用意されています。その機能は、ブラウザとのやり取りや、数学関数、日時に関する機能などです。

● 関数を定義する

関数の定義は、次のような形をしています。関数の定義は、通常、head部に置くか、body部の最後に配置します。

```
function 関数名( 引数リスト ) {
{
命令コード
  :
}
```

キーワードの「function」はすべて英小文字で書きます。引数リストは、関数とやり取りするデータやオブジェクトをコンマで区切って並べたものです。引数リストに現れる引数を「仮引数(かりひきすう)」と呼びます。これに対して、関数を呼び出す側が指定する引数は「実引数(じつひきすう)」です。

alert()も関数の1つです。alert()を呼び出すときに表示させるデータは引数リストに指定したことを思い出してください。関数によっては引数のないものもありますが、そのときでも"()"が必要です。

関数を呼び出すと、プログラムの制御(実行中の場所)が関数に移ります。そして、関数の中の処理が終わると関数を呼び出した場所に制御が戻ります。次の図は、その様子を示しています。引数があるときは、実引数の値を仮引数にコピーしてから、関数の中の処理が実行されます。

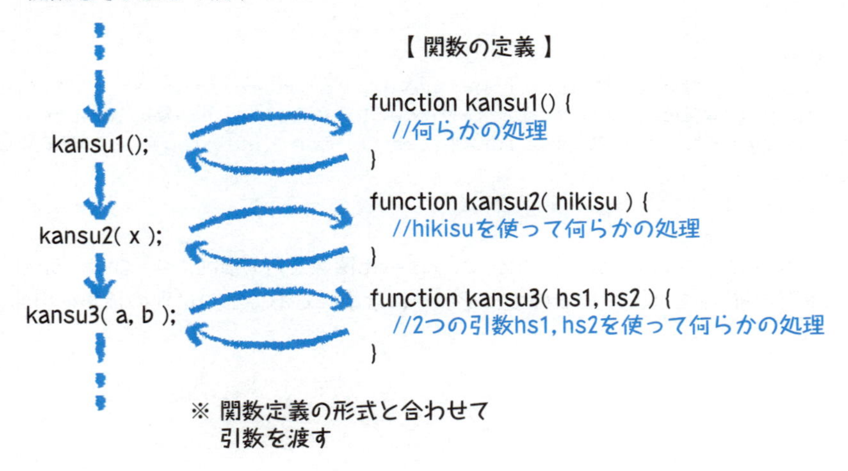

簡単な関数を定義して、それを呼び出して使ってみましょう。

次の例題6-9では、<p>に指定した文字列と、3つのボタンを持つページを表示します。ボタンを押すと、各ボタンに応じたあいさつ文が表示されます。

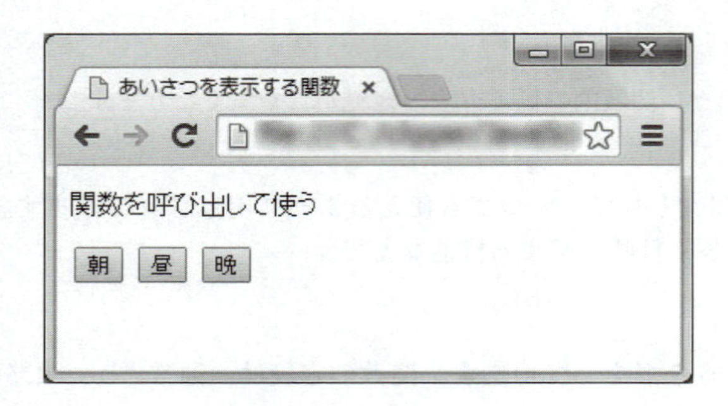

「あいさつを表示する」機能を関数として定義します。関数の名前はgreetとしましょう。押したボタンによってメッセージを変えるため、ここでは表示するメッセージを引数で渡します。このように、どんな関数にするか（関数の仕様といいます）を検討してから、関数を作ります。

そして、ボタンが押されたときに、その関数を呼び出すようにします。たとえば、［朝］のボタンが押されたら、greet関数に"Good morning!" という文字列を渡します。

これらをプログラムに書くと、こうなります。

▶ ex6-9.html

```
<!DOCTYPE html>
<html>
<head>
  <meta charset="UTF-8">
  <title>あいさつを表示する関数</title>
</head>
<body>
  <p>関数を呼び出して使う</p>
  <script>
  function greet( msg ) {
     alert( msg );
  }
  </script>
  <button type="button" onclick="greet( 'Good morning!' )">朝</button>
  <button type="button" onclick="greet( 'Hello!' )">昼</button>
  <button type="button" onclick="greet( 'Good evening!' )">晩</button>
</body>
</html>
```

buttonのクリックイベント（onclick）で、greet関数を呼び出しています。onclickに渡す内容全体を二重引用符（"）で囲んでいるので、その中に含まれるあいさつは別の種類の引用符（'）で囲みます。

例題 6-9

ex6-9.htmlのプログラムを入力して保存しなさい。
ブラウザでそのファイルを開き、[朝] [昼] [晩] のボタンを押して動作を確かめなさい。

ボタンを押すと、alertボックスにそれぞれのボタンに応じたあいさつ文が表示されましたね？
次の例題6-10でgreetの呼び出しを追加し、関数にデータを渡す練習をしましょう。

例題 6-10

上の例題プログラムに、[深夜] というボタンを追加し、ボタンが押されたらGood night!と表示されるようにしなさい。

● 戻り値を受け取る

prompt()という関数はalert()に似ていますが、キーボード入力を要求し、入力された値を戻してくれます。次にその形式を示します。

▶ **形式**　　prompt("入力要求時のメッセージ", "初期値")

- ポップアップ・ウィンドウを表示して、入力を求めます。
- 引数は、入力を求めるメッセージの内容と、あらかじめ入力域に表示される初期値です。
- 戻り値として、ユーザが入力した値が戻ります。
  何も入力せずに、[OK] をクリックすると初期値が戻ります。
- [キャンセル] をクリックするとnullが戻ります。

この関数のように、情報を関数の戻り値として返すときはreturn文を使います。たとえば0を返すなら次のように書きます。

```
return 0;
```

次の例題6-11で、戻り値で値を受け取る例を示します。まず、プログラムを見てください。

▶ **ex6-11.html**

```
<!DOCTYPE html>
<html>
<head>
  <meta charset="UTF-8">
  <title>2つの値の差を求める関数</title>
</head>
<body>
  2つの値の差は ：
  <script>
  function diff( x, y ) {
     return x - y;
```

```
    }
    var x = prompt( "xは？", "0" );
    var y = prompt( "yは？", "0" );
    var ans = diff( x, y );
    document.write( ans );
    </script>
  </body>
  </html>
```

diff()は、引数でxとyを受け取り、(x-y)の値をreturnで戻す関数です。これを呼び出す側は、prompt()を使って受け取ったxとyをdiff()に渡し、戻された結果をansに受け取っています。その値を「2つの値の差は　:　」に続けてdocument.write()で出力しています。

この例では、関数が受け取る引数(仮引数)と、関数呼び出しのときに渡す引数(実引数)の名前がどちらもxとyですが、違っていても構いません。なお、仮引数が有効なのはその関数の中だけです。

例題 6-11

ex6-11.htmlのプログラムを入力して実行しなさい。
プログラムの指示に従って、2つの数値を指定し、動作を確認しなさい。

2つの値の差が正しく表示されましたか？指定した値に応じて、引き算の結果が関数から戻されているのを確認してください。

prompt()は文字列を返す関数なので、数字でなくてもそのまま戻します。そのため、本来ならいろいろな入力への対応が必要なのですが、このプログラムでは説明を簡単にするため、その対処を省略しています。

NOTE　関数の戻り値を直接使う

上の例題では関数からの戻り値をいったん変数に受け取ってから次の処理に使いました。
もし、戻り値の用途がその場限りなら、変数への代入を省略できます。すなわち、

```
var ans = diff( x, y );
document.write( ans );
```

は

```
document.write( diff( x, y ) );
```

と書いても同じことです。読みにくくなりますが、xとyへの代入も省略して、

```
document.write( diff( prompt( "xは？", "0" ), prompt( "yは？", "0" 
) ) );
```

と書くこともできます。

●引数で受け取るには

関数から呼び出し側に値を戻す方法には、上に述べた戻り値を用いる方法のほかに、引数を使う方法があります。しかし、引数を使って関数から呼び出し側に値を返すことができるのは、引数がオブジェ

クト変数であるときだけです。それに関して、「第10章　プログラミングの話題」の「10.4　関数とのやり取り」に詳しい説明があります。

ここでは、値を受け取るために1つだけの値を保持する変数は使えないことを説明します。オブジェクトの説明は少しあとになります。

引数がオブジェクト変数でないときは、その値のコピーが関数に引き渡される（値渡しと呼びます）ので、関数内で引数の値を書き換えても、呼び出し側の変数の内容は変化しません。そのイメージを次図に示します。

関数の値渡しの例

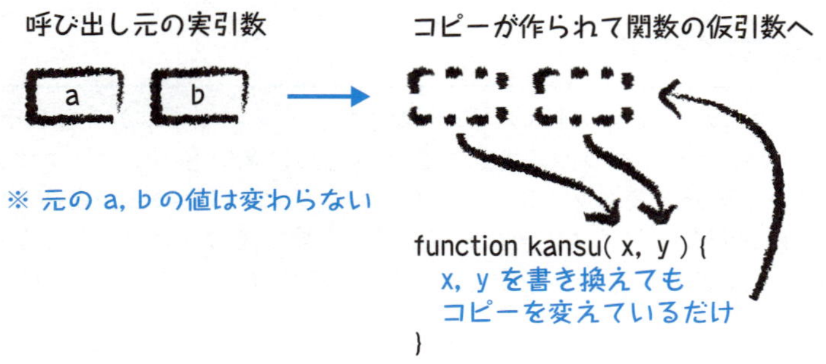

呼び出し元の実引数

a　b

※ 元の a, b の値は変わらない

コピーが作られて関数の仮引数へ

function kansu(x, y) {
　x, y を書き換えても
　コピーを変えているだけ
}

関数内で受け取った引数の値を書き換えても呼び出し側に反映されないことを確かめましょう。

例題 6-12

ex6-11.htmlのプログラムを次のように書き換えなさい。変更は次の2点です。

1) diff()の関数内で仮引数xとyをそれぞれ1234と5678に更新する

2) diff()関数を呼び出し、戻ったところでalert()によりxとyの値を表示する

書き換えたファイルを保存したら、プログラムを実行してみましょう。

▶ ex6-12.html

```
<!DOCTYPE html>
<html>
<head>
  <meta charset="UTF-8">
  <title>値渡しの仮引数を書き換える実験</title>
</head>
<body>
  2つの値の差は ：
  <script>
  function diff( x, y ) {
    var result = x - y;
    x = 1234; y = 5678;   //仮引数の書き換え実験のため
    return result;
  }
  var x = prompt( "xは？", "0" );
```

```
    var y = prompt( "yは？", "0" );
    var ans = diff( x, y );
    document.write( ans );
    alert( x );
    alert( y );
    </script>
  </body>
  </html>
```

実行すると、prompt()で受け取った値がそのままalert表示されていて、1234や5678になっていないことが確認できます。関数内で仮引数を書き換えても、元の実引数の値は変わらないのです。

6.6 読みやすく書く

「プログラムを書くのは人、読むのはコンピュータ」と思っていませんか？もしそうなら、「書きやすく」書けばよいのですが、人がプログラムを読む機会は意外に多いものです。プログラムを書いているときでさえ、先に書いた部分を読み返すことが頻繁にあります。ほかの人が書いたプログラムを読むこともよくあります。自分が書いたプログラムであっても、数日後には分からなくなることがあります。

だから、「分かりやすく書く」、「読みやすく書く」工夫が大切なのです。以下に、そのためのポイントを示します。

● 空白や改行

極端な例ですが、プログラムは空白や改行を省いて次のように書いても動きます。

これでもプログラムは動くが、
人には読みづらい・・・

```
<script>document.write(“スクリーンの幅“), screen.width, “<br>“);document.write(“スクリーンの高さ“, screen.heoght, “<br>“);document.write(“ウィンドウ内部の幅
“,window.innerWidth,“<br>“);document.write(
“ウィンドウ内部の高さ“,window.innerHeight,“<br>“);
</script>
```

ステートメントの区切りが分かりやすいように、改行を入れましょう。また、半角空白やタブ文字で字下げ*7すると、ステートメントの構造が見やすくなります。そのほかにも、変数と演算子の間に空白を入れたり、{ や } の前後で改行するなど、読みやすくするために空白や改行が活用されています。

空白や改行の入れ方には、いろんなスタイルがあるので、「どう整形したらよいのか」と最初は迷うかもしれません。細部まで含めると、スタイルは千差万別です。でも、目的は「読みやすくする」ことにあるのですから、ルールに縛られることはありません。ただし、スタイルが統一されていないと読みにくくなります。

● コメント

コメントは注釈のことで、プログラムの中に書く注意書きや説明のことです。あとから見たときに処理内容がよく分かるよう、コメントを活用しましょう。なお、コメントはコメントアウトといって不具

＊7　字下げは行頭に空白を入れることで、インデントともいいます。

合修正（デバッグ；debug）などで動作を調べたいとき、プログラム中の一部のステートメントを無効にする目的にも使われます。

JavaScriptのコメントには2種類あります。次に例を示します。

<table>
<tr><td>1行コメント
// 以降</td><td>// この行はコメントです。
alert("スクリーンの幅 " + screen.width); // これもコメントです。</td></tr>
<tr><td>複数行コメント
/* と */ の間</td><td>/*
これは
複数行にまたがる
コメントです。
*/</td></tr>
</table>

1行コメントは"//"からその行の行末までをコメントにすることができます。プログラム中の何行かをまとめてコメントアウトするときには、複数行コメントを使います。ただし、コメントアウトする部分に別な複数行コメントが含まれていると、問題が起こります。複数行コメントの中に複数行コメントを含むことができないので、外側のコメントは内側のコメントの終了場所で終わってしまいます。複数行コメントを使ってプログラムの一部をコメントアウトするときには注意してください。

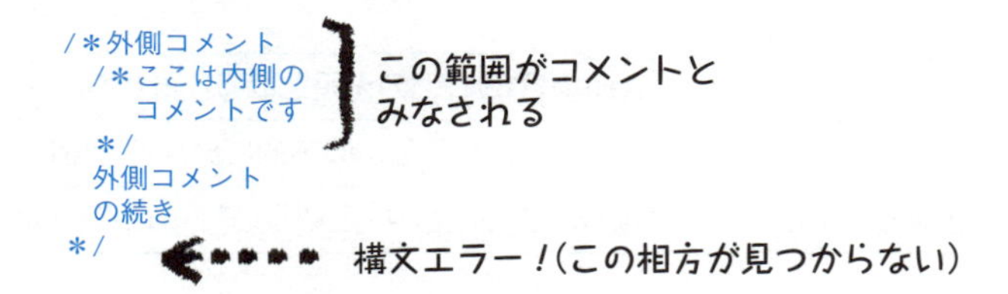

次のようなコメントは意味がありません。コードを見れば分かるからです。コメントには、「なぜそうするのか？」とか「目的は何か？」というような、コードからは読み取りにくい重要なことがらを残します。

```
number = 5;  // numberを5にする
```

NOTE　HTML、CSS、JavaScriptのコメント

HTMLのコメントの形式は、「<!-- コメント -->」でした。これはJavaScriptの複数行コメントと同じく複数行にまたがることが許されますが、入れ子にできない点が同じです。HTMLのコメントには1行コメントの形式のものはありません。
CSSのコメントは「/* コメント */」でした。この形式は、入れ子にできないことも含めてJavaScriptの複数行コメントと同じです。

● 変数名

変数の名前は重要です。変数の中身がすぐに分かるような名前がついているかどうかで、プログラムの読みやすさが大きく違ってくるからです。

短い名前は一時的に使う作業用の変数に使い、情報を保持し続ける変数にはその内容が連想できるような名前をつけましょう。ただし、名前が長くなると、入力の手間や打ち間違いの危険が増えます。ほんの少しだけ違う長い名前がいくつも使われているプログラムは、とても読みにくいものです。

短くて、分かりやすい名前をつけるのも、プログラミング技術の1つです。参考例を示しますが、これもプログラミング・スタイルであり、いろいろな意見があります。

例	説明
`var sum;`	合計
`var h, w = 50;`	heightやwidthの先頭を取る。分かれば1文字でもOK
`var msg;`	messageを省略。直感的に分かる程度に略すのはOK
`var fontSize, fontWeight;`	複数単語の組合せ（区切りは"_"にしてもOK）

次の2つは良くない例です。

例	説明
`var destinationaddress; //NG`	送信先アドレス。長くて読み書きしづらい。 destAddrなどに
`var jfpid; //NG`	支払い済みフラグ。Judgement flag payment is doneの略だが、口に出して読めないし分かりづらい。paidなどでOK

Tip 変数名を短縮する方法

日本語でも英語でも、元の単語が分かる範囲で短縮表記できると便利です。いろいろな方法がありますが、「まず、重要でない母音（aiueo）を後方から順に省略する。それでも長いときは、その単語を口に出してみて、省けそうな子音をさがす」という方法が一般的です。ただし、短縮しなくても済む名前がないかをよく検討してください。
著者はプログラマだったころ、品番ならhb、文書再発行番号ならbsshkbgというように、漢字書きして各漢字の最初の子音だけを書き並べる方法を使いました。事務系のアプリケーションでは長い漢字名が多く使われるので、大変重宝した記憶があります。

7 演算子

7.1 算術演算子

加減乗除の演算子は、順に"+"、"-"、"*"、"/"です。"×"や"÷"は使いません。並べて書くと、乗除算が加減算より先に評価されます。念のため例を示します。

例	結果
2 + 3*2	8
5 - 6/2 + 7	9

「割り算の余り」を求める剰余演算子"%"があります。C言語など他の多くのプログラミング言語では、「割り算の余り」は整数だけを対象にして演算できるとされていますが、JavaScriptでは端数があっても一応は計算できます。

例	結果
11%3	2
2.125%0.25	0.125

7.2 文字列連結演算子

文字列に対して"+"が使えます。

例	結果
"あいう" + "えお"	あいうえお 2つの文字列を連結する。
"999" + 1	9991 文字列に数値を"+"した結果は文字列である。

加減乗除のうち、文字列に対して使えるのは"+"だけなので、数値に変換できる文字列に"-"、"*"、"/"を使うと数値に変換されます。また、単項演算子の"+"を使う方法もあります。

例	結果
"999" - 0 + 1	1000 「"999" - 0」の演算で数値に変換されるので、足し算ができる。
+"999" + 1	1000 単項演算子"+"によって「+"999"」が数値になり、足し算ができる。

例題 7-1

算術演算子の働きを確かめなさい。文字列の連結も試しましょう。
ここでは、alert()を用いて演算式の値を表示させます。

▶ ex7-1.html

```
<!DOCTYPE html>
<html>
<head>
  <meta charset="UTF-8">
  <title>算術演算子の働き</title>
</head>
<body>
  <script>
  alert( 2 + 3*2 );
  alert( 5 - 6/2 + 7 );
  alert( 11%3 );
  alert( 2.125%0.25 );
  alert( "あいう" + "えお" );
  alert( "999" - 0 + 1 );
  </script>
</body>
</html>
```

7.3 代入演算子

変数に値を割り当てる代入演算子は、"="です。数学の等号と同じですが、等しいという意味ではありません。

例	意味
x = x*2;	変数xに2を掛け、その答えを改めてxに代入する式。

上のように、xの値を使って新しくxの値を計算し直すときには、次のように短縮して書くことができます。

例	意味
x *= 2;	「x = x*2;」と同じ。

*（乗算）だけでなく他の算術演算でも、同様の代入演算子が用意されています。

例	意味
x += y+2;	「x = x + (y + 2);」と同じ（以下同様）。
x -= y;	x = x - y;
x /= 2;	x = x/2;
x %= 3;	x = x%3;

7.4 「1を加減する」演算子

特に数を数えるときなど、1つずつ増やしたり減らしたりすることが多いので、専用の演算子が用意されています。これらの演算子は、オペランド（演算対象）の後につける書き方と、前につける書き方ができます。

例	意味
x++; ++x;	どちらの書き方も、xの値を1増加させる。 x = x + 1;またはx += 1;と同じこと。
x--; --x:	どちらの書き方も、xの値を1減少させる。 x = x - 1;またはx -= 1;と同じこと。

後置型はオペランドを使ってから増減し、前置型は使う前に増減するという違いがあります。

例題 7-2

var mae = 0, ato = 0;
としたあと、++mae、ato++の値をalert()で表示し、その値を確かめなさい。

▶ ex7-2.html
```
<!DOCTYPE html>
<html>
<head>
  <meta charset="UTF-8">
  <title>++演算子の働き</title>
</head>
<body>
  <script>
  var mae = 0, ato = 0;

  alert( ++mae );
  alert( ato++ );
  alert( "mae:" + mae + ", ato:" + ato );
  </script>
```

```
</body>
</html>
```

どちらの変数も初期値は0ですが、実行してみると、「alert(++mae);」は1、「alert(ato++);」は0と表示されます。それは、前置型では1増やしてから使うのに対し、後置型では使ったあとで1増やすからです。そのあとのalertでは、maeもatoも1になっているので、そのことが分かります。

7.5 比較演算子

比較演算子は、大小比較や等しいかどうかを調べるのに使う演算子です。演算の結果はtrueまたはfalseです。

比較演算子	説明
==	「x == 3」の評価結果は、xが3のときにtrueになる。 (注意)代入演算子"="と混同しないこと。
>	「x > 3」は、xが3より大きいときにtrueになる。
<	「x < 3」は、xが3より小さいときにtrueになる。
>=	「x >= 3」は、xが3に等しいか3より大きいときにtrueになる。
<=	「x <= 3」は、xが3に等しいか3より小さいときにtrueになる。
!=	「x != 3」の評価結果は、xが3でないときにtrueになる。
===	値と型の両方が一致したときにtrueになる。「x = "3";」としたあと、「x == 3」はtrueだが「x === 3」はfalseである。
!==	値と型のいずれかが一致しないときにtrueになる。

例題 7-3

比較演算子の働きを次のようにして確かめなさい。
alert()に比較演算子を使った式を指定して、その判定結果を表示しなさい。

結果を予想してから、次を実行しなさい。

▶ ex7-3.html

```
<!DOCTYPE html>
<html>
<head>
  <meta charset="UTF-8">
  <title>比較演算子の働き</title>
</head>
<body>
  <script>
```

```
    var x = 5;
    alert( x == "5" );
    alert( x != 5 );
    alert( 3 < x );
    alert( x === "5" );
    </script>
  </body>
  </html>
```

予想した通りになりましたか？書き換えて、その他の比較演算子も試してみましょう。

7.6 論理演算子

複数の条件を調べたいときに使うのが、and（○○でかつ△△）、or（○○または△△）です。また、否定のnot（○○でない）演算子もあります。

論理演算子	説明
&&	and。「x==1 && y==2」は、xが1でかつyが2のときにtrueになる。
||	or。「x==1 || y==2」は、xが1かまたはyが2のときにtrueになる。
!	not。「!x」は、xがtrueのとき、falseになる。

論理演算子を使ってみましょう。

例題 7-4

次のプログラムは、変数の値がある条件を満たすかどうかを調べて、その結果をalert()で表示しています。3つのalert()ですべてtrueが表示されるように、変数に初期値を与えなさい。

▶ ex7-4.html

```
<!DOCTYPE html>
<html>
<head>
  <meta charset="UTF-8">
  <title>論理演算子の働き</title>
</head>
<body>
  <script>
  var age;
  var seibetsu;
  var color = "blue";
  var ok = true;

  alert( age >= 20 && seibetsu == "男" );
  alert( color == "red" || color == "orange" );
  alert( !ok );
```

```
    </script>
  </body>
</html>
```

最初の条件「age >= 20 && seibetsu == "男"」は、「20歳以上で性別が男ならtrue」です。ageの初期値は20以上の値を、seibetsuには"男"を代入すれば条件を満たします。

2番目の条件「color == "red" || color == "orange"」は、「色がredかorangeならtrue」ですから、colorをそのどちらかにしておけばよいということですね。

3番目の条件「!ok」は、「okの否定」です。変数okをfalseにしておけばtrueになります。

NOTE 2つ目の条件を調べない？

JavaScriptでは、次のように決められています。

【式1 && 式2】
式1がfalseなら、式2を調べなくても結果はfalseだと分かるので、式2を調べない。

【式1 || 式2】
式1がtrueなら、式2を調べなくても結果はtrueだと分かるので、式2を調べない。

このことが問題を引き起こすことがあります。たとえば次の文です。

```
hour < 18 && cnt++ < 100
```

hourが18未満のときは2つ目の条件を調べるのでcntが増えますが、hourが18以上のときは2つ目の条件を調べないのでcntは増えません。このような評価時の副作用が不具合の原因につながるのです。「最初から、そのつもりで使うのならよいか」というと、それでも避けるべきです。本人はそのつもりで書いていても、読む人はもちろんのこと、本人でも時間が経つと見落とす可能性が高いからです。トリッキーな書き方を避け、素直なコーディングを心がけましょう。

7.7 演算子の一覧

JavaScriptで使える演算子を一覧表にまとめます。本書で説明しているものには、※を付けました。

機能	演算子	説明済み
メンバを参照する	.	※
配列の要素を参照する	[]	※
新しいインスタンスを作成する	new	※
関数/メソッドの呼び出し	()	※
値を1増やす（インクリメント）	++	※
値を1減らす（デクリメント）	--	※
数値型に変換する	+（単項）	※

<table>
<tr><td>数値型に変換し、符号を反転させる</td><td>-（単項）</td><td></td></tr>
<tr><td>論理否定</td><td>!</td><td>※</td></tr>
<tr><td>各ビットを反転させる</td><td>~</td><td></td></tr>
<tr><td>オブジェクトからプロパティを削除する</td><td>delete</td><td>※</td></tr>
<tr><td>式を評価してundefinedを返す</td><td>void</td><td></td></tr>
<tr><td>オブジェクトの型を返す</td><td>typeof</td><td></td></tr>
<tr><td>掛ける</td><td>*</td><td>※</td></tr>
<tr><td>割る</td><td>/</td><td>※</td></tr>
<tr><td>割り算の余りを求める</td><td>%</td><td>※</td></tr>
<tr><td>足す、文字列を連結する</td><td>+</td><td>※</td></tr>
<tr><td>引く</td><td>-</td><td>※</td></tr>
<tr><td>左に指定したビット分だけシフトする</td><td><<</td><td></td></tr>
<tr><td>符号を維持したまま右にビットシフトする</td><td>>></td><td></td></tr>
<tr><td>（0を埋めて）右にビットシフトする</td><td>>>></td><td></td></tr>
<tr><td>～より小さい</td><td><</td><td>※</td></tr>
<tr><td>～より大きい</td><td>></td><td>※</td></tr>
<tr><td>～以下</td><td><=</td><td>※</td></tr>
<tr><td>～以上</td><td>>=</td><td>※</td></tr>
<tr><td>オブジェクトが～のインスタンスか調べる</td><td>instanceof</td><td></td></tr>
<tr><td>プロパティが～のオブジェクトにあるか調べる</td><td>in</td><td></td></tr>
<tr><td>等しいか調べる</td><td>==</td><td>※</td></tr>
<tr><td>等しくないか調べる</td><td>!=</td><td>※</td></tr>
<tr><td>厳密に（値と型が）等しいか調べる</td><td>===</td><td>※</td></tr>
<tr><td>厳密には等しくないか調べる</td><td>!==</td><td>※</td></tr>
<tr><td>ビットごとのand</td><td>&</td><td></td></tr>
<tr><td>ビットごとのxor</td><td>^</td><td></td></tr>
<tr><td>ビットごとのor</td><td>|</td><td></td></tr>
<tr><td>論理値のand</td><td>&&</td><td>※</td></tr>
<tr><td>論理値のor</td><td>||</td><td>※</td></tr>
<tr><td>式を評価し、2つの値のうちの1つを返す</td><td>?:</td><td>※</td></tr>
<tr><td>代入、演算して代入</td><td>= += -= *= /= %= <<=
>>= >>>= &= ^= |=</td><td>※</td></tr>
<tr><td>複数の式を評価する</td><td>,</td><td></td></tr>
</table>

● 演算子の優先度と結合規則

複数の演算子を使うときの評価順は、優先度や結合規則によって決まります。次の表は、上の一覧の演算子を優先度の高いものから順に並べたものです。

<table>
<tr><th>優先度</th><th colspan="2">演算子</th><th>結合規則</th></tr>
<tr><td>1</td><td>メンバ参照、インスタンス作成/呼出</td><td>. [] new ()</td><td>newだけ右から</td></tr>
<tr><td>2</td><td>単項演算子</td><td>++ -- + - ! ~ delete void typeof</td><td>右から</td></tr>
<tr><td>3</td><td>乗除演算子</td><td>* / %</td><td></td></tr>
<tr><td>4</td><td>加減演算子、文字列連結演算子</td><td>+ -</td><td></td></tr>
<tr><td>5</td><td>シフト演算子</td><td><< >> >>></td><td></td></tr>
<tr><td>6</td><td>関係演算子、instanceof、in</td><td>< > <= >= instanceof in</td><td></td></tr>
<tr><td>7</td><td>等値演算子</td><td>== != === !==</td><td></td></tr>
<tr><td>8</td><td>ビット演算子and</td><td>&</td><td></td></tr>
<tr><td>9</td><td>ビット演算子xor</td><td>^</td><td></td></tr>
<tr><td>10</td><td>ビット演算子or</td><td>|</td><td></td></tr>
<tr><td>11</td><td>論理演算子and</td><td>&&</td><td></td></tr>
<tr><td>12</td><td>論理演算子or</td><td>||</td><td></td></tr>
<tr><td>13</td><td>条件演算子（三項演算子）</td><td>?:</td><td>右から</td></tr>
<tr><td>14</td><td>代入演算子</td><td>= += -= *= /= %= <<= >>= >>>= &= ^= |=</td><td>右から</td></tr>
<tr><td>15</td><td>コンマ演算子</td><td>,</td><td></td></tr>
</table>

1つの式の中に優先度の異なる演算子が含まれているときは、優先度の高いものから評価されます。そして、同じ優先度の演算子が並んでいるときには、結合規則にしたがって左または右から評価されます。上の表で、結合規則の列が「右から」となっているものは、右から左に向かって結合されます。空白になっているものは、左から右に向かって結合されます。

優先度の意味を次の例で説明します。

```
ans = a * 2 + b / 3 - 5;
```

この文には、代入演算子、乗除演算子、加減演算子が含まれています。優先度に従って、次のように乗除演算子、加減演算子、代入演算子の順に実行されます。

1. a * 2と、b / 3
2. 上の2項の + と、それに続く -

3. ansへの代入

上の表の優先度は、ほぼ自然なもので違和感はありませんが、最初のうちは確認する方がよいでしょう。念のためカッコを使っても構いません。次の条件式では、"&&"の優先度が"||"より高いのでカッコは不要ですが、書いた方が見やすくなります。もちろん、評価順を変更するときにはカッコが不可欠です。

```
cond = ( a > b && c == d ) || !e;
```

代入演算子の結合規則は「右から左」です。次の例では、先にyに3が入り、「y = 3という式が持つ値」としての3がxに代入されます。

```
x = y = 3;
```

8 制御文

8.1 判断

● if文

if文を使うと、条件を評価した結果によって、実行する文を選択することができます。形式を次に示します。

▶形式

```
if( 式 ) 文1                 (A)
または
if( 式 ) 文1 else 文2        (B)
```

- (A)の形式では、式の値がfalseのときは何もしません。
- (B)の形式では、式の値がtrueのときは文1を、falseのときは文2を実行します。
- 文1や文2が2つ以上の文を含むときは、"{"と"}"で囲まなければなりません。
  1つだけのときでも囲んでも構いません。むしろ、その方が文を追加したときの囲み忘れを避ける意味で安全です。

使い方のイメージ例を挙げます。

パターン		使い方のイメージ

A	if (条件) {
	条件がtrueのときの処理
	}
	(条件を満たさないときは何もしない)
		もし(得点が60点以上なら) {
		合格のメッセージを表示する
		}
		(60点未満なら何もしない)

B	if (条件) {
	条件がtrueのときの処理
	} else {
	条件がfalseのときの処理
	}
		もし(得点が60点以上なら) {
		合格のメッセージを表示する
		} そうじゃないときは {
		不合格のメッセージを表示する
		}

C	if (条件1) {
	条件1がtrueのときの処理
	} else if (条件2) {
	条件1がfalseで条件2がtrueのときの処理
	} else if (条件3) {
	:
		もし(得点が90点以上なら) {
		優の評価を与える
		} そうじゃなくて 得点が80点以上なら {
		良の評価を与える
		} そうじゃなくて 得点が70点以上なら {
		:

(C)の形式は、elseのときに別の条件を調べるものです。この形はif-else-ifラダー(ladder;はしご)と呼ばれます。

これらのパターンに慣れるため、いくつか例題を用意しました。まず、if文だけを使うパターンです。

例題 8-1

得点(score)が60点以上なら合格のメッセージを表示するif文を書きなさい。

得点の値を変えると、条件を満たさないときの動作を見ることができます。

▶ ex8-1.html

```
<!DOCTYPE html>
<html>
<head>
  <meta charset="UTF-8">
  <title>if文の働き</title>
</head>
<body>
  <script>
  var score = 60;

  if( score >= 60 ) {
    alert( "合格です" );
  }
  </script>
</body>
</html>
```

このまま実行すると"合格です"と表示され、scoreの初期値を60未満に書き換えると、何も表示されなくなります。

例題 8-2

得点(score)が60点以上なら合格のメッセージを表示し、そうでないときは不合格のメッセージを表示するif文を書きなさい。

ex8-1.htmlにelseの処理を追加し、if...else型としなさい。

▶ ex8-2.html

```
<!DOCTYPE html>
<html>
<head>
  <meta charset="UTF-8">
  <title>if文の働き</title>
</head>
<body>
  <script>
  var score = 60;

  if( score >= 60 ) {
```

```
    alert( "合格です" );
  } else {
    alert( "不合格です" );
  }
  </script>
</body>
</html>
```

次は、得点によって評価を分けるパターンです。

例題 8-3

80点以上なら"優"、それ以外で70点以上なら"良"、それ以外で60点以上なら"可"とするif文をif-else-ifラダーを使って書きなさい。

scoreの値を書き換えて実行し、それぞれ正しく評価できることを確認しましょう。

▶ ex8-3.html

```
<!DOCTYPE html>
<html>
<head>
  <meta charset="UTF-8">
  <title>if文の働き</title>
</head>
<body>
  <script>
  var score = 90;

  if( score >= 80 ) {
    alert( "評価は'優'です" );
  } else if( score >= 70 ) {
    alert( "評価は'良'です" );
  } else if( score >= 60 ) {
    alert( "評価は'可'です" );
  }
  </script>
</body>
</html>
```

上の色文字のところを次のように変えると、どんな問題が起きるか説明できますか？

```
if( score >= 80 ) alert( "評価は'優'です" );
if( score >= 70 ) alert( "評価は'良'です" );
if( score >= 60 ) alert( "評価は'可'です" );
```

例題 8-4

"優""良""可"の評価に加えて、60点未満なら"不可"とするには、先のex8-3.htmlをどのように変えればよいか考えなさい。

最後にelseを追加し、それより上にあるいずれの条件にも合わないときの処理を書きます。

▶ **ex8-4.html（判定部分のみ抜粋）**

```
if( score >= 80 ) {
  alert( "評価は'優'です" );
} else if( score >= 70 ) {
  alert( "評価は'良'です" );
} else if( score >= 60 ) {
  alert( "評価は'可'です" );
} else {
  alert( "評価は'不可'です" );
}
```

NOTE　ブロック

if文の形式は、「if (式) 文1 else 文2」です。文1や文2のところに2つ以上の文を書きたいときは、それらを"{"と"}"で囲んでひとまとめにします。これをブロックといい、if文だけでなく、繰り返し文でもよく使います。

```
if( score >= 60 ) {
  alert( "合格です" );                //①
  alert( "合格の方は次に進めます" );  //②
}
```

条件を満たすときに実行する文が2つあるのでブロックにしています。もし、これを

```
if( score >= 60 )
  alert( "合格です" );                //①
  alert( "合格の方は次に進めます" );  //②
```

と書くと、②はscoreが何点でも実行されます。字下げは、文法上は無意味です。

【分かりやすい書き方を心がけよう】

同じ判断でもいくつかの書き方ができます。どれを選ぶかの判断基準は「分かりやすさ」です。

実際に「分かりやすさ」を見比べてみましょう。たとえば、『ある条件（60点以上）を満たすときは何もせず、満たさないときだけ不合格メッセージを表示する』の書き方を考えましょう。

本節冒頭のパターンから選ぶなら、2番目のif...else型を使って、次のように書くことができます。

if (60点以上) {
} else {
　不合格のメッセージを表示する
}
	trueのときの処理を空にしておけばよいが
	△ 処理を書き忘れたようにも見える

あるいは論理演算子のnotを使って、条件を反転する方法があります。

if(!(60点以上)) {
　不合格のメッセージを表示する
}
	問題文のまま「60点以上を満たさないとき」という書き方だが
	△ 直感的に分かりづらい

もっと明快に書けますね。

if (得点が60点未満なら) {
　不合格のメッセージを表示する
}
	「60点以上でないとき」を
	「60点未満なら」の条件に置き換えると
	○ 単純明快で分かりやすい

上の例では、最後の書き方が分かりやすいですね。

このように、同じことでもいく通りかの書き方ができます。いつでも、「もっと分かりやすい書き方はないか」と考えてみてください。

if文を使って判断を書く練習を続けます。

例題 8-5

動物園などの団体入園料は、人数によって割引率が異なります。ex8-5.htmlのテンプレートのプログラムは、ボタンを押すとprompt()で人数を指定できるようになっているので、変数ninzuの値に従って、割引率をalert表示するif文を書き加えなさい。

300人以上なら「3割引」、300人未満100人以上なら「2割引」、100人未満30人以上は「1割引」、30人未満は「割引なし」とします。

▶ ex8-5.htmlのテンプレート

```
<!DOCTYPE html>
<html>
<head>
  <meta charset="UTF-8">
  <title>Workbench</title>
  <script>
  function discount() {
    var ninzu = prompt( "人数は？", "1" );

    //ここにif文が入ります

  }
  </script>
</head>
```

```
<body>
<p>団体割引率を調べます。</p>
<button type="button" onclick="discount()">人数を入力する</button>
</body>
</html>
```

次は、偶数判定のプログラムです。

例題 8-6

ex8-6.htmlのテンプレートに、変数numの値が偶数かどうかの判定を書き加えなさい。

テンプレートには、引数が偶数かどうかを判定して結果をtrue/falseで返す関数isEven()が定義されています。偶数ならtrueを返し、そうでなければfalseを返す処理を書き加えて、関数を完成させなさい。

(ヒント)偶数なら2で割り切れます。割り算の余りを求める算術演算子がありましたね。関数から値を戻すにはreturnを使います。

コードを書いたら実行し、正しく判定できるかどうか確認しなさい。

▶ ex8-6.htmlのテンプレート

```
<!DOCTYPE html>
<html>
<head>
  <meta charset="UTF-8">
  <title>Workbench</title>
  <script>
  function isEven( num ) {
    //偶数ならtrueを返し、そうでなければfalseを返す

  }
  function inputNum() {
    var num = prompt( "調べる数値は?", "0" );
    var res = isEven( num );
    document.getElementById("msgout").innerHTML
        ="判定結果は " + res + " です。"
  }
  </script>
</head>
<body>
<p>偶数判定をします。</p>
<button type="button" onclick="inputNum()">数を入力する</button>
<p id="msgout"></p>
</body>
</html>
```

なお、document.getElementById("msgout").innerHTMLは、"msgout"というid名を持つ要素の内容を意味します。その仕組みはオブジェクトのところで学習しますが、この書き方をよく使うので覚えておいてください。

【混同してはいけない】

「等しいか？」と尋ねるときに使う比較演算子は「等号が2つ」"=="です。等号1つは、代入演算子です。if文の条件に代入文を書いても文法的には正しいので、エラーにはならず、知らぬ顔をして動くので注意してください。

混同に注意！

= と == は全然違う機能です　　=== これもあったっけ
（代入）（等しいか調べる）　　（値と型の両方等しいか調べる）

たとえば、"if(score == 100)"とすべきところを"if(score = 100)"と書いてしまったとしましょう。すると、100を代入してscoreの内容を壊した上で、条件は満たされたと判断されます。なお余談ですが、比較より代入の使用頻度が高いので、代入を"="とし、比較は"=="になったようです。

NOTE true/falseとしての数値や文字列

もし、数値や文字列が論理値(true/false)に変換できなかったら、"=="を"="と誤って書いたとき、代入する値が論理値のとき以外は条件式の評価ができなくなるので、文法違反が起きて誤りを見つけやすかったはずです。しかし、数値や文字列は次のように論理値に変換され、条件式が評価されます。感覚的にいうと、空がfalseとして扱われます。つまり、数値の0や空の文字列""はfalseです。そのほかにも、undefinedやnull、NaN (Not a Number)もfalseです。これに対して、0でない数値や空でない文字列はtrueです。文字列"0"や"false"は空でない文字列なのでtrueです。

プログラムがどう動くか、次の例題8-7で考えてみましょう。

例題 8-7

100点満点の評価を"秀"にしようとして、if-else-ifラダーの先頭を次のように書いた。このままで実行するとどんなことが起こるか答えなさい。

```
if( score = 100 ) {
  alert( "評価は'秀'です" );
} else if( score >= 80 ) {
  alert( "評価は'優'です" );
  ...
```

問題点と結果を予想してから、実際に動かして確かめなさい。

▶ ex8-7.html

```
<!DOCTYPE html>
<html>
<head>
  <meta charset="UTF-8">
```

```
    <title>if文の働き</title>
  </head>
  <body>
    <script>
    var score = 50;

    if( score = 100 ) { // この条件は誤りです
      alert( "評価は'秀'です" );
    } else if( score >= 80 ) {
      alert( "評価は'優'です" );
    } else if( score >= 70 ) {
      alert( "評価は'良'です" );
    } else if( score >= 60 ) {
      alert( "評価は'可'です" );
    } else {
      alert( "評価は'不可'です" );
    }
    </script>
  </body>
  </html>
```

scoreに100が代入され、最初のif条件がtrueになります。そのため、scoreにどんな値を入れても、常に評価は"秀"になります。この例のようにscoreが50点でも"秀"になってしまいます。

● 条件演算子（?:）

▶形式　　式1 ? 式2 : 式3

- 式1を評価し、trueなら式2、falseなら式3がこの条件式の値になります。
  式1をカッコで囲む必要はありませんが、次のようにカッコを使う方が見やすくなります。

```
max = ( x > y ) ? x : y;
```

- 上の例をif文で書くと、次のようになります。

```
if( x > y ) {
  max = x;
} else {
  max = y;
}
```

例題 8-8

例題8-6の偶数判定プログラムは、if-elseを使って実現しました。
これを条件演算子を使うように書き換えなさい。

● switch

switchは変数の値によって処理を振り分けるときに使います。先の例題のようにif-else-ifラダーを使っても振り分けができますが、switchを使った方が処理を振り分けるという意図を明示できます。ただし、80点以上は…というように範囲を定めて分岐する処理はswitchでは書けません。

▶**形式**

```
switch ( 変数 ) {
case 値1: コード…; break;
case 値2: コード…; break;
case 値3: コード…; break;
   :
default: コード…; break;
}
```

- 「変数」の値に一致する値を持つcaseが実行されます。
  一致するcaseが見つからないときは、defaultがあればその内容が実行されますが、なければ何もしません。
- 変数のところには式を書くことができますが、値のところに式を書くと一部のブラウザで正しく処理できないという不具合が報告がされています。
- breakがないと、その下のcaseの内容も続けて実行されます。たとえば、

```
switch ( n ) {
case 1: x *= 2;
case 2: y += 5;
:
}
```

  では、nが1のとき、xに2を掛けてからyに5を加え、さらにその下に流れます。
- コードとbreakの両方を省くこともできます。
  case 1: case 2: case 3: コード…
  と書くと、1または2または3のときに「コード…」が実行されます。
- caseやdefaultの並び順は自由ですが、特に理由がなければcase値の昇順に書くようにしましょう。

例題 8-9

数字の1、2、3を指定すると、それぞれ漢数字の壱、弐、参を表示するプログラムをswitchを使って書きなさい。数字はprompt()を使って入力します。

switch で判断しよう!

1なら　壱
2なら　弐
3なら　参

prompt()を使って変数numに半角数字を受け取り、それに対応する漢数字を変数kanjiに保存します。

```
<!DOCTYPE html>
<html>
<head>
  <meta charset="UTF-8">
```

```
    <title>Workbench</title>
    <script>
    function show() {
      var kanji, num = prompt( "数字1、2、3をどうぞ", "" );

      //  ここにswitch文が入ります。

      document.getElementById("msgout").innerHTML=kanji;
    }
    </script>
  </head>
  <body>
  <p>壱から参までの漢数字を表示します。</p>
  <button type="button" onclick="show()">入力する</button>
  <p id="msgout"></p>
  </body>
  </html>
```

numを見てkanjiの内容を決めるところには、switch文を使います。numで振り分けるのですから、switchは次のようになります。なお、入れ子が深くなると、だんだんと開きカッコと閉じカッコの対応が分かりにくくなるので、開きカッコ"{"と閉じカッコ"}"をいつも対にして書くと安全です。

```
  switch( num ) {
  }
```

prompt()から戻される値は数値ではなく「数字」です。そのため、1のときのcase文は、「case "1":」とします。if文の例題でprompt()を使ったとき、このことが問題にならなかったのは、比較演算子を用いたときに自動的に型変換が起こるからです。

caseのあとはセミコロン(;)ではなく、コロン(:)です。そして、breakを忘れないようにしましょう。

```
  case "1": kanji = "壱"; break;
```

なお、逆にnumを数値に変換しても構いません。文字列を数値に変換する方法は、文字列連結演算子のところで説明しました。また、「比較演算子による大小比較」は、「第10章　プログラミングの話題」にNOTEがあります。

```
  switch( +num ) {
    case 1: kanji = "壱"; break;
    …
  }
```

入力が1、2、3のどれでもないときのため、default:も用意しておきましょう。プログラムを書いた人が期待している値だけが入力されるとは限りませんから。

switch文を追加した完成形は次のようになります。なお、defaultのスペルを間違えないように注意してください。スペルが違ってもエラーにならず、どのcaseにも一致しないときのdefault処理も行われません。単に、文にラベルをつけるだけに終わってしまいます。なお、ラベルはこのあとの

「breakとcontinue」で触れます。

▶ ex8-9.html

```
<!DOCTYPE html>
<html>
<head>
  <meta charset="UTF-8">
  <title>Workbench</title>
  <script>
  function show() {
    var kanji, num = prompt( "数字1、2、3をどうぞ", "" );
    switch( num ) {
    case "1": kanji="壱"; break;
    case "2": kanji="弐"; break;
    case "3": kanji="参"; break;
    default : kanji="？"; break;
    }
    document.getElementById("msgout").innerHTML=kanji;
  }
  </script>
</head>
<body>
<p>壱から参までの漢数字を表示します。</p>
<button type="button" onclick="show()">入力する</button>
<p id="msgout"></p>
</body>
</html>
```

例題 8-10

case "2"のbreakを取ると、1、2、3、4を指定したときそれぞれで何が表示されるかを考えなさい。

予想される結果を紙に書いてから、プログラムを修正して実際の動作を調べなさい。

8.2 繰り返し

繰り返しは、あるコード部分を何度も実行することです。ループ(loop)とも呼ばれます。繰り返し処理の中で多数のデータを参照するときは、配列を使うことがよくあります。

JavaScriptには、for、for-in、while、do-whileの4つの繰り返し文があります。

繰り返し文	説明
for	ある回数、繰り返す。
for-in	オブジェクトのプロパティについて繰り返す。
while	ある条件を満足する間、繰り返す。
do-while	ある条件が満たされるまで繰り返す。

NOTE プログラム・フロー

プログラム・フローは、プログラムの処理の流れのことです。エドガー・ダイクストラ(Edsger Wybe Dijkstra)が提唱した構造化プログラミング(Structured programming)は、現在のソフトウェア開発技法の基礎をなしていますが、そこでは順次(sequence)、分岐(selection)、反復(repetition)がプログラム・フローの基本構造であるとしています。順次はステートメントを並べた順に実行することです。分岐はifやswitchです。ここで繰り返しを理解すれば、早くもプログラムの流れを制御する道具がそろうのです。

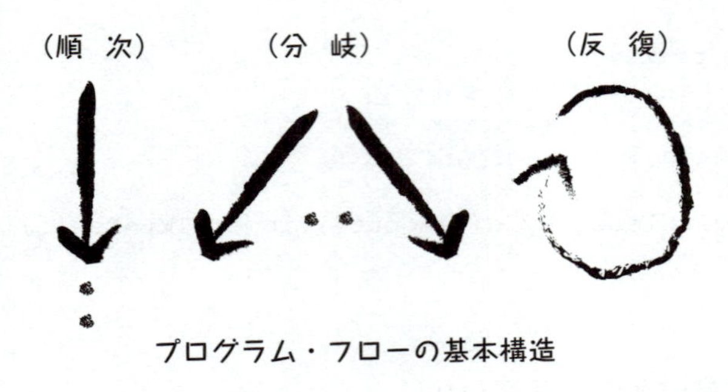

プログラム・フローの基本構造

● for

for文は最も よく使う繰り返し文です。for文では、繰り返し前の初期化、繰り返しの条件、繰り返しの最後に毎回することを指定できます。

▶形式

```
for( 式1; 式2; 式3 )
  繰り返しの中身
```

- 式1は、繰り返しを始める前にすることを書きます。なければ書く必要はありません。
- 式2は、繰り返しの中身の実行を始める前に調べる条件です。falseであれば繰り返しを終了します。最初から式2がfalseなら、繰り返しの中身は1回も実行されません。
  式2を省略するとtrueであると見なされるので、繰り返しを続けます。このときは、繰り返しの中でbreakを使うなどして終了させないと無限ループになってしまいます(breakはswtichでも使いましたが、繰り返しを抜けるときにも使います)。
- 式3は、繰り返しの中身の実行を終えるたびに、毎回することを書きます。なければ書く必要はありません。
- 式1から式3を省略するときでも、それらを区切っているセミコロンは必要です。
- 繰り返しの中身に文が2つ以上あるときは、"{"と"}"で囲みます。

例題 8-11

1から100までの整数の和を求めなさい。

整数の和を求める変数をsumとしましょう。人が計算するなら、次のようになります。

```
sum = 1 + 2 + 3 + … + 100;
```

このままでも答えを求めることができますが、繰り返しで書けないでしょうか？書けますね。

```
sum = 0;
sum = sum + 1;
sum = sum + 2;
sum = sum + 3;
 …
sum = sum + 100;
```

無駄があるように見えるかもしれませんが、このようにして繰り返し処理に持ち込みます。最初の行は0クリアですが、2行目以降は同じ形です。違っているのは整数のところだけですから、その整数値を保持する変数iを使います。ついでに、"+="演算子を使って書き直しておきましょう。

```
sum = 0;
i = 1; sum += i;
i = 2; sum += i;
i = 3; sum += i;
…
i = 100; sum += i;
```

これなら、iが1から100まで変わるだけで、繰り返しの中身は「sum += i」のまま変化しません。

ここで、for文を考えましょう。繰り返しを始める前にすることは、「iを1にする」ことです。繰り返しを続ける条件は「iが100以下である」こと、中身を実行するごとに毎回することは「iを1つ増やす」ことですね。これをそのままfor文に書くと次のようになります。

```
sum = 0;
for( i = 1; i <= 100; i++ ) sum += i;
```

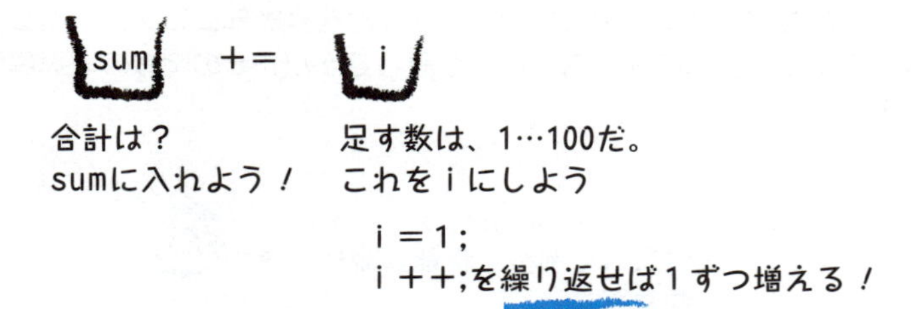

ところで、1と100のところを書き換えると、任意のn1からn2までの整数の和を求めることができるので、関数にしておくと便利そうです。

```
function sumUp( n1, n2 ) {
  var sum = 0, i;

  for( i = n1; i <= n2; i++ ) sum += i;
  return sum;
}
```

これでn1からn2までの整数の和を求める手続きが部品になりました。あとはalert()で結果を表示するだけです。

▶ ex8-11.html

```
<!DOCTYPE html>
<html>
<head>
  <meta charset="UTF-8">
  <title>Workbench</title>
  <script>
  function sumUp( n1, n2 ) {   // 整数n1からn2までの合計を求める
    var sum = 0, i;

    for( i = n1; i <= n2; i++ ) sum += i;
    return sum;
  }
  </script>
</head>
<body>
<p>1から100までの和を計算する</p>
<button type="button" onclick="alert( sumUp( 1, 100 ) )">結果を表示する</
button>
</body>
</html>
```

範囲を指定して整数の合計を求める、汎用(あちこちで使えそうな)関数ができました。

Tip

関数には表題コメントを

関数を作ったら、その関数の働きや引数の説明、制約などを表題部にコメントとしてまとめておくと便利です。コメントというと少量の注意書きという感じですが、その関数の取扱説明書の役割を果たすこともよくあります。

```
function useSomeone( x , y ) {
    //引数の説明や、機能の説明
    //制約事項
        :
}
```

正しく関数を使うために
コメントで必要な情報を残そう！

例題 8-12

1/10を10回加えた合計を表示しなさい。

プログラムは簡単ですね。

▶ ex8-12.html

```
<!DOCTYPE html>
<html>
<head>
  <meta charset="UTF-8">
  <title>Workbench</title>
</head>
<body>
  <script>
  var sum, i;

  sum = 0;
  for( i = 0; i < 10; i++ ) sum += 1/10;
  alert( sum );
  </script>
</body>
</html>
```

1/10を10回足した結果は1になりましたか？

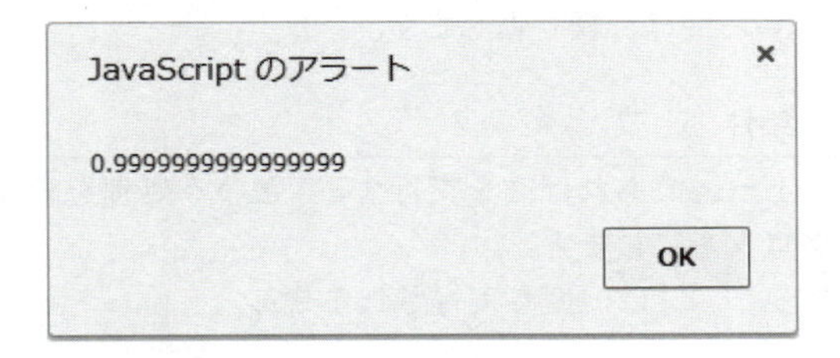

for文の書き方は正しいのですが、これは数値表現の誤差によるものです。意外に誤差が大きいことが分かるはずです。整数の計算は正確に行われますが、小数部のある数値は誤差を含みやすいのです。なお$1/2^n$の内部表現は正確なので、2^n回足すと正しく1になります。

Tip　小数の比較に注意

ここでいう小数は、整数でない実数のことであり、1未満の端数をもつ数値です。
例題8-12で見たように、小数部のある数値は誤差を含みやすいので、「==」で比較すると誤差のために条件をすり抜けてしまうことがあります。たとえば、10回繰り返すつもりで次のように書くと、繰り返しが終わりません。注意してください。

```
for( sum = 0; sum != 1; sum += 1/10 ) {
    ...
}
```

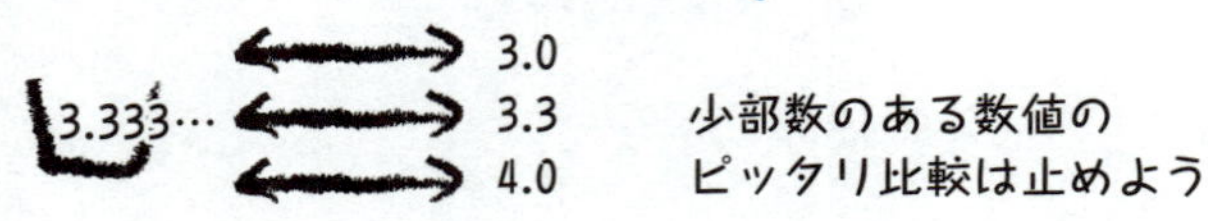
誤差があるから == での比較はNG
3.0
3.333…
3.3
4.0
少部数のある数値の
ピッタリ比較は止めよう

● for-in

for-in文は、オブジェクトに含まれるプロパティ名を1つずつ取り出して繰り返す文です。for-in文の説明はオブジェクトの章に置きます。

● while

指定された条件を満たしている間は、繰り返します。

▶形式　　while(条件) 文

- 「指定された条件を調べ、trueであれば文を実行する」という処理を繰り返します。文が複数あるときは"{"と"}"で囲んでブロックにします。
- 最初から条件がfalseなら、「文」は一度も実行されません。

例題 8-13

100から7を繰り返し引き、その値が負になる直前の値を求める繰り返し文を書きなさい。

▶ex8-13.html

```
<!DOCTYPE html>
<html>
<head>
  <meta charset="UTF-8">
  <title>Workbench</title>
</head>
<body>
  <script>
```

```
    var num = 100;

    while( num > 7 ) {
      num -= 7;
    }
    alert( num );
    </script>
  </body>
</html>
```

例題 8-14

numの初期値が5だとすると、何が表示されるかを考えなさい。
プログラムを書き換えて実行し、確かめましょう。

● do-while

doの次の文を実行してから、指定された条件を調べて繰り返すかどうかを判断します。

▶形式　　do 文 while(条件)

- 「文を実行したあとで、指定された条件を調べて繰り返すかどうか判断する」という処理を繰り返します。文が複数あるときは"{"と"}"で囲んでブロックにします。
- 条件によらず実行したあとで続けるかどうかを調べるので、最初から条件がfalseでも「文」が一度は実行されます。

次の例題は、JavaScriptプログラムが振ったサイコロの目を当てるプログラムです。do-whileの繰り返しを使って、当たるまでpromptで予想数字を入力します。画面はこんな感じです。

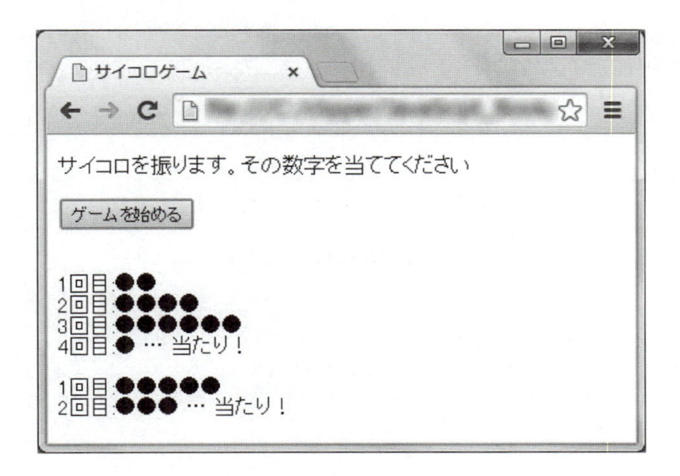

［ゲームを始める］ボタンを押すたびに当たり目が変わるのですが、1～6の間のランダムな整数を得るため、次のような方法を使います。

```
var hit = Math.floor( Math.random() * 6 ) + 1;
```

Mathオブジェクトのメソッドを2つ使っています。Math.random()は、0～1未満の乱数を返します。その結果に6を掛けると、0.xxx～5.xxxの範囲になります。Math.floor()で小数点以下を切り捨てると、0から5までの整数になります。最後に1を足すと、サイコロの目の整数が得られます。

例題 8-15

このサイコロゲームの繰り返し部分は次のようになります。do-while文の条件を答えなさい。当たり目は変数hitに保持しています。

```
do {
  // 予想数字を変数numに入力する
  // 判定を表示する
} while( さて、ここの条件は？ );
```

当たるまで繰り返すのですから、whileの条件にはhitとnumを比較する式が入ります。

プログラムの全体は次のようになります。メッセージを表示するHTML要素"msgout"は、何度も使うので、繰り返しの前にdocument.getElementById("msgout")の結果を変数txtoutに残しています。

▶ ex8-15.html

```
<!DOCTYPE html>
<html>
<head>
  <meta charset="UTF-8">
  <title>サイコロゲーム</title>
</head>
<body>
  <script>
  function guess() {
    var hit = Math.floor( Math.random() * 6 ) + 1;
    var i, num, cnt = 0;
    var txtout = document.getElementById("msgout");

    do {
      num = prompt( "出た目は何？", "" );
      if( num < 1 || num > 6 ) continue;
      txtout.innerHTML += "<br>" + ++cnt + "回目:";
      for( i = 0; i < num; i++ )
        txtout.innerHTML += "●";
    } while( num != hit );

    txtout.innerHTML += " … 当たり！<br>";
  }
  </script>
```

```
    <p>サイコロを振ります。その数字を当ててください</p>
    <button type="button" onclick="guess()">ゲームを始める</button>
    <p id="msgout"></p>
</body>
</html>
```

必ず一度は予想して当たりかどうか調べるので、繰り返しにdo-whileを使っています。

繰り返しの中身は、予想数字を入力し、予想回数をカウントアップして、それらを画面に表示する処理です。繰り返しを抜けるのは当たったときですから、do-whileの条件部にnum != hitと書いて、「予想数字(num)が当たり目(hit)と違うあいだ」繰り返します。continueは次に説明します。

●breakとcontinue

breakはswitchでも使いましたが、「ブロックから飛び出せ」という指示です。switch文で使うほか、for文、while文、do-while文の繰り返しを途中で抜けたいときに使います。ブロックが入れ子になっていても、抜け出るのは一番内側のブロックだけです。breakにラベルを指定することで、外側のブロックからも抜け出ることができます。

▶形式　break;

breakの例を見てください。

```
for( i = 0; i < 1000; i++ ) {
    処理1
    if( 条件 ) break;
    処理2
}
```

for文の繰り返し条件は、繰り返しの中身を最後まで実行したあとに調べるので、処理1を終わったところで繰り返しを終わるときは上の例のようにします。また、繰り返しを終了する条件がたくさんあるときも、breakを使う方が見やすく書けます。

continueは、for文、while文、do-while文でよく使います。繰り返しで実行する処理がいくつかあるとき、条件によってはそれ以降の処理をスキップして、次の繰り返しに進みたいときに使います。

▶形式　continue;

continueの例を見てください。

```
for( i = 0; i < 1000; i++ ) {
    処理1
    if( 条件 ) continue;
    処理2
}
```

if文の条件がtrueになったときは、処理2をスキップし、i++を実行してから次の繰り返しに移ります。

NOTE　forとwhileの違い

たいていは同じことがforでもwhileでも書けるのですが、continueがあると動きが違ってきます。次の2つを見比べてください。

```
for( i = 0; i < 1000; i++ ) {
  処理1
  if( 条件 ) continue;
  処理2
}

i = 0;
while( i < 1000 ) {
  処理1
  if( 条件 ) continue;
  処理2
  i++;
}
```

continueの実行後、for文ではi++が実行されますが、whileでは実行されません。

次の例題8-16で、breakとcontinueの違いを比べます。

例題 8-16

ex8-16.htmlのコードをよく見て、実行結果を予想しなさい。
結果を考えてから入力し、実際に何が表示されるか確かめましょう。

配列dataは7つの要素を持っています。forループで配列要素の1つ1つを調べています。data[i]が0のときはcontinue、負のときはbreakします。最後に、forの繰り返しを抜けたあとのiの値も表示します。

▶ ex8-16.html

```
<!DOCTYPE html>
<html>
<head>
  <meta charset="UTF-8">
  <title>Workbench</title>
</head>
<body>
  <script>
  function arrayOpr() {
    var data = new Array( 1, 3, 5, 0, 7, -1, 9 );
    var i;

    for( i = 0; i < data.length; i++ ) {
      if( data[i] == 0 ) continue;
```

```
      if( data[i] < 0 ) break;
      document.getElementById("msgout").innerHTML
          += "data[" + i + "] = " + data[i] + "<br>";
    }
    document.getElementById("msgout").innerHTML
        += "繰り返し終了後:i = " + i;
  }
  </script>
  <p>continueやbreakの確認</p>
  <button type="button"
      onclick="arrayOpr()">ボタンを押してください</button>
  <p id="msgout"></p>
</body>
</html>
```

どうですか？予想通りでしたか？

data[3]は0なので、iが3のときは何も表示されません。data[5]は負の値なので、forループから抜けていることが分かります。

ボタンを押してください

data[0] = 1
data[1] = 3
data[2] = 5
data[4] = 7
繰り返し終了後:i = 5

例題 8-17

ex8-16.htmlのプログラムで、continueとbreakを交換したら、実行結果はどのように変わるか考えなさい。

予想してから、実際にプログラムを書き換えて実行し、確かめましょう。

8.3 エラー処理

エラー処理は、プログラム実行中にエラーを見つける仕組みであるtryブロックと、見つけたときの処理を指示する仕組みcatchブロックから成り立っています。

● try～catch

```
try {
  この範囲でエラーを見つけると
} catch( err ) {
  この部分のコードが実行される
}
```

実行中にエラーが発生すると、Errorオブジェクトが生成され（投げられ）ます。これを、catch

の引数で受け取ります。前述の例ではerrです。err.nameやerr.messageでエラーの内容を知ることができます。

例題 8-18

実行時エラーの内容を表示してみましょう。

次の例は、document.getElementById()に、間違って存在しないidを指定した場合です。"msgout"と指定すべきところを"msg"としたので要素が見つからず、getElementById()はnullを戻します。そのため、alert()ではnullのプロパティ valueを表示しようとしてエラーになります。

▶ ex8-18.html

```
<!DOCTYPE html>
<html>
<head>
  <meta charset="UTF-8">
  <title>Workbench</title>
</head>
<body>
  <script>
  function errCheck() {
    try {
      alert( document.getElementById("msg").value );
    } catch( err ) {
      document.write( err.name  + " :" + err.message );
    }
  }
  </script>
<p id="msgout">errorの確認</p>
<button type="button" onclick="errCheck()">ボタンを押してください</button>
</body>
</html>
```

ボタンを押して、エラーを起こした時の各ブラウザの表示内容は、たとえば次のようなものです。

```
Chrome    「TypeError: Cannot read property 'value' of null」
IE        「TypeError: 未定義または NULL 参照のプロパティ 'value' は取得できません。」
FireFox   「TypeError: document.getElementById(...) is null」
```

いずれもnullのプロパティ valueは読めないというエラーです。

例題8-19

alertのスペルを間違えたときのエラーをcatchしなさい。
tryブロックのalertを、aletに変えて実行しなさい。

次のような内容が表示されますね。

```
Chrome    「ReferenceError: alet is not defined」
IE        「ReferenceError: 'alet' は定義されていません。」
FireFox   「ReferenceError: alet is not defined」
```

● throw

throw文を用いると、自分で用意したエラーを投げることができます。

```
throw 式
```

式のところには、文字列や数値、論理値、オブジェクト名を書くことができ、それがcatchのerrに引き渡されます。

例題 8-20

tryブロックの中でthrow文を用いて投げたエラー・メッセージをcatchで受け取って表示する例を考えなさい。

解答例

▶ ex8-20.html

```
<!DOCTYPE html>
<html>
<head>
  <meta charset="UTF-8">
  <title>Workbench</title>
</head>
<body>
  <script>
  function myAge( age ) {
    try {
      if( age <  6 ) throw "まだ、小学校には入れません。";
      else if( age > 12 ) throw "もう、卒業したよね？";
      // 小学生のための処理をする
    } catch( err ) {
      document.write( err );
    }
  }
  </script>
<p id="msgout">errorの確認</p>
<button type="button" onclick="myAge(  5 )">私は5歳です</button>
<button type="button" onclick="myAge(  8 )">私は8歳です</button>
<button type="button" onclick="myAge( 15 )">私は15歳です</button>
</body>
</html>
```

9 最大値のプログラム

この章では、例題を使ってプログラムを作る過程を説明します。

プログラムを作るというと、「プログラムを打ち込むこと」だと思うかもしれませんが、実はその前後の作業が重要です。標準的なプログラムを作る流れは、次の図のようになります。

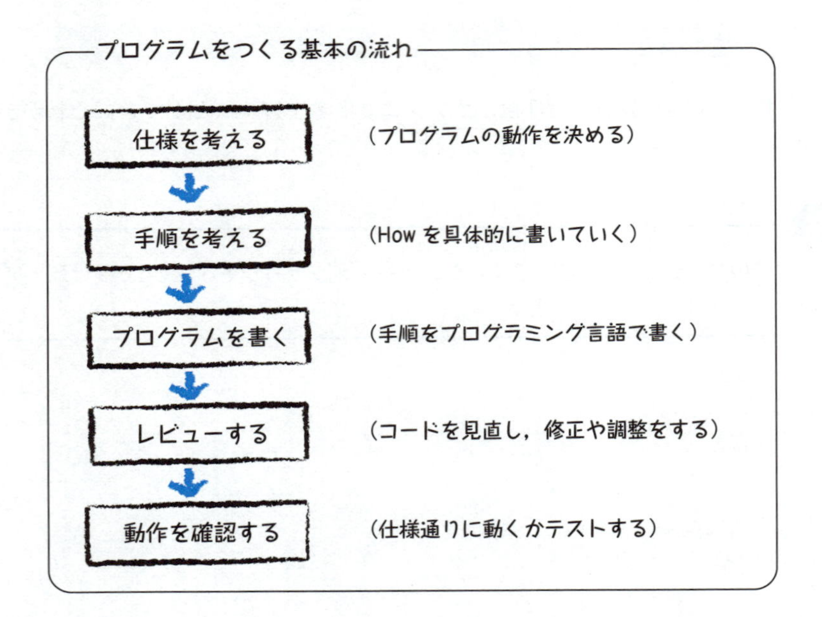

プログラムをつくる基本の流れ
仕様を考える
(プログラムの動作を決める)
手順を考える
(How を具体的に書いていく)
プログラムを書く
(手順をプログラミング言語で書く)
レビューする
(コードを見直し，修正や調整をする)
動作を確認する
(仕様通りに動くかテストする)

それぞれの作業を完結してから、次のステップに進むようにしてください。できるだけ、前段階の作業で積み残しを出さないことが大切です。各ステップの中での修正に比べて、ステップをさかのぼる修正は困難だからです。

例題は次の通りです。プログラムを作る例題なので、ゴールだけを示しています。

例題 9-1

配列の中から、最大値を見つける関数を作りなさい。仕様も考えなさい。

9.1 仕様を考える

仕様というのは、プログラムの動作に関する要点をまとめたものです。仕様というと難しく聞こえますが、これから作る「プログラムの働き」を書き並べたものです。

課題には要点だけが書かれているので、プログラムを作るには肉付けが必要です。その要点を見て、気づいたことをメモしておき、あとでそれを整理すれば仕様になります。

関数を作るとき最初に考えるのは、「何を受け取って(関数への入力)、何を戻す(関数からの出力)か」です。データの入った配列が入力、最大値が出力であることは明らかに見えますが、少しだけ立ち止まって考えましょう。

最大値を求めたあとのことを考えると、最大値よりも、その場所、つまり最大値を保持している配列要素の要素番号が分かった方がいろいろと好都合だと思われます。要素番号が分かれば最大値はすぐに分かりますが、その逆は容易ではないからです。

次に、配列の中のデータについては、何も書かれていません。数値と文字列のデータが混ざっていたら、配慮しなければならないことが多くなります。単に最大値というとき、数値を考えるのが自然ですから、このプログラムでは、数値データだけを取り扱うことにしましょう。

これで、関数のイメージが少しはっきりとしてきました。次の通りです。

- 入力は、数値データだけを含む配列である。
- 出力は、最大値を保持する要素の要素番号である。

まだ漏れていることがあるかもしれませんが、先に進むことにしましょう。

NOTE　仕様はどのように残すの？

大きなプログラムなら仕様書にまとめるのが一般的です。小さなプログラムであれば、仕様はコードの先頭部分にコメントとして残します。仕様が決まるまでは、メモに書きとめておきましょう。

9.2 手順を考える

その処理をコンピュータと同じ条件で自分がするなら、どうするかを考えます。「比較」に関していうと、コンピュータと同じ条件というのは、一時には2つの値しか比較できないという条件です。当たり前のようですが、人はひと目で見つけてしまうことがあるので、手順など必要ないかのように感じてしまいがちです。

最初の例題なので考えやすいように、配列に保持されているN個の値の並びを、重さの違うN個の容器に置き換え、比較には天秤を使うことにします。これでコンピュータと同じく、2つの重さでしか比較できない状況になりました。

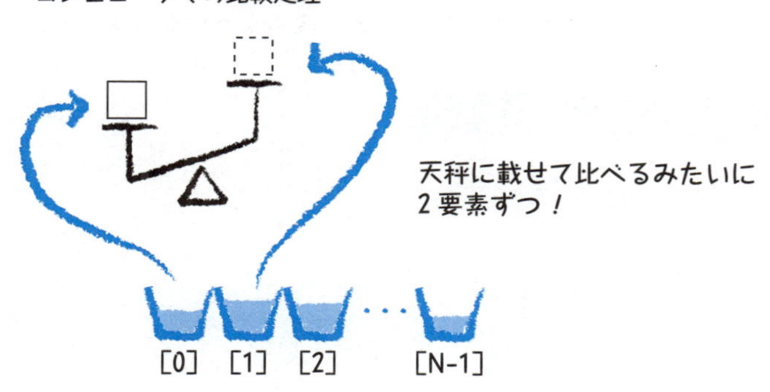
コンピュータでの比較処理
天秤に載せて比べるみたいに
2要素ずつ！
[0]
[1]
[2]
[N-1]

配列要素と同じように、容器に0からN-1までの番号がついているとしましょう。さて、どうやって一番重い容器を見つけますか？最初からうまい方法を考えようとせず、思いつくままに書き並べればよいのです。

```
0番の容器と1番の容器を天秤に載せる。

軽い方を        2番の容器と交換する。
軽い方を        3番の容器と交換する。
    :
軽い方を        (N-1)番の容器と交換する。

軽い方を戻し、残った容器が一番重い。
```

最初と最後は違いますが、途中は載せる容器が違うだけで同じ種類の作業が続きますから、繰り返し処理になりそうです。まず、この部分をイメージしましょう。次の図は、「今2つの容器が天秤に載っていて、重い方をz番とします。これからi番の容器を調べようとしています。」という場面です。

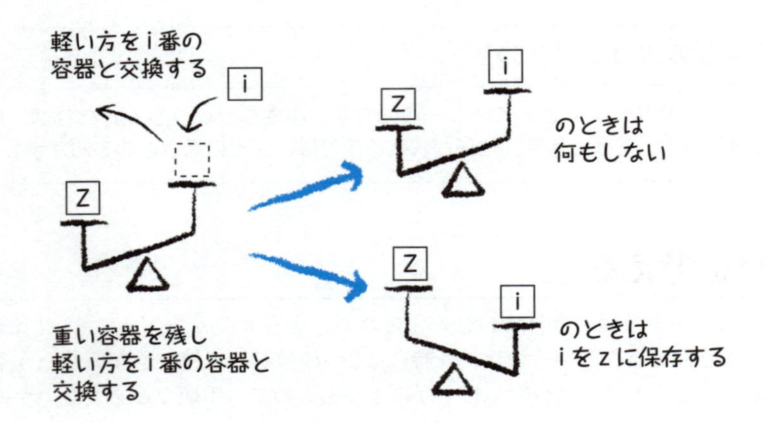

交換後、i番の方が重いときは、iをzに保存すると、「これから(i+1)番を調べようとしている場面」になります。

これで繰り返し部分は見通しが立ちましたが、最初はどうしたらよいでしょうか。

最初に0番の容器を天秤に載せてこれをzとします。すると、iは1番から(N-1)番までの容器についての繰り返しになります。そして、最後に勝ち残ったzが最も重い容器の番号です。

これを整理して、配列aについての手順として書くと、次のようになります。

手　順

配列aはN個の要素を持つ
最大値を保持する要素の番号をzに求める
1. zを0にする
2. iを1からN-1まで繰り返す
　　a[z] < a[i] なら、iをzに保存する
　　iを1つ進める

Tip　プログラムを書く前に、処理の手順をよく考える

地味な作業なので先を急ぎたくなる気持ちは分かりますが、処理の中身を考えてから作ることを忘れないでください。処理の手順を考えてから作ったプログラムは、処理の流れが整理されているので読みやすく、小さくて、性能が良く、修正しやすいプログラムになります。これに対して、よく考えずに作ったプログラムは、なかなか思うように動かないので、不具合を見つけるたびに修正を繰り返すことになります。そのため、読みにくく、大きくて、性能が悪く、修正もしにくいプログラムができあがるのです。

処理の流れが
整理されていないと…

プログラムも
・読みやすさ↓
・性能↓
・修正のしやすさ↓

また、プログラムがある程度の大きさになると、いくつかの部分に分けて作りますが、そのとき処理の切れ目でうまく分けないと、各機能の間でやり取りする情報が膨らんでしまいます。この点についても、処理の手順をよく考えることで適切な判断ができるようになります。

● 手順の考え方

処理の手順を考えるときの出発点は、上のように「人がするとしたら、どう進めるか」を考えることです。当然、細部まで想像できる部分とそうでない部分があるはずですが、分かりやすい部分だけ細部まで詰めても無駄になることが多いので、全体の歩調を合わせる必要があります。

料理を作るときの手順であれば、準備、調理、盛り付け、後片付けが必要です。もし手順書を作るとしたら、それぞれの中身を「準備は何が必要か、調理の手順は、盛り付けは…」と具体的に考えます。調理の手順であるレシピには、下ごしらえやパーツに分けて記述されています。

プログラムでも同じことで、プログラムの仕事をWhatとして、それをいくつかのHowに展開します。次に、それぞれのHowをWhatと見なして、それぞれをHowに展開します。これをコーディングできる粒の大きさになるまで繰り返すのです。プログラマが経験豊富なら大きな粒でも消化できますが、経験が十分でないときは細かいHowまで書くなど、コーディング可能な粒の大きさはコードを書く人のレベルによって異なります。

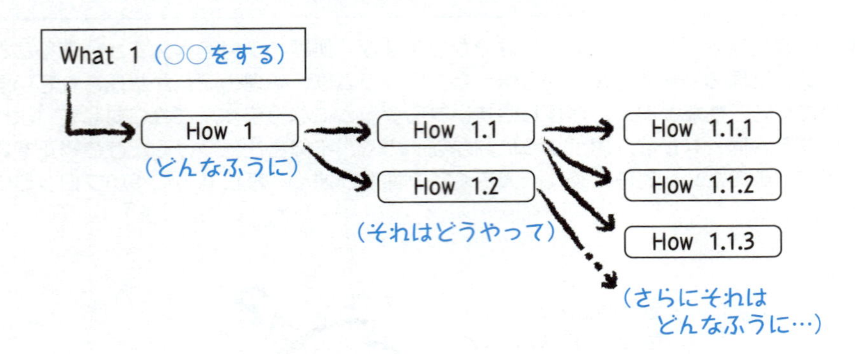

この作業中は常に、漏れている作業に気づいたら追加し、作業の順序に問題があれば入れ替えたりします。普通は最良の手順が最初に得られるとは考えにくいので、一回で完成させようとせず、「書き直すたびに良くなる」というくらいのつもりで作業し、もっと良い方法がないかを考えながら見直しましょう。

NOTE　プログラムの設計図法

図を使ってプログラムの中身を考える方法が、数多く提案されています。プログラムは、処理手続きとデータで構成されているので、設計図法にも(1)処理手続きを中心に置くものと、(2)データの流れを中心に置くものがあります。(1)は処理手順が複雑なもの、(2)はデータの参照関係が複雑なものに適しています。

よく知られているフローチャートは、処理手続きを記述するものです。分かりやすいのですが、データの流れを記述できないことや、修正が面倒なことが大きな欠点で、処理の手順を考えるツールとしては使い勝手が良くありません。

設計図法の周辺では、所定の形式の図で処理手順を記述するとプログラムコードを生成するツールや、プログラムコードを入力するとモジュール構成が図示されるツールなど、いろいろな工夫がなされています。

9.3 プログラムを書く

先に考えた処理手順を、もう一度示します。

手　順

配列aはN個の要素を持つ
最大値を保持する要素の番号をzに求める
1. zを0にする
2. iを1からN-1まで繰り返す
　　a[z] < a[i] なら、iをzに保存する
　　iを1つ進める

これはそのままJavaScriptで書けそうです。2の繰り返しは、for文で書くのが便利です。

▶**形式**　　for(**式1; 式2; 式3**)
　　繰り返しの中身

iを0や1からN-1まで1ずつ増やしながら繰り返すという形は、頻繁に現れます。

```
for( i = 1; i < N; i++ ) {
  繰り返しの中身
}
```

手順1の処理と繰り返しの中身を加えると、次のようになります。

```
z = 0;
for( i = 1; i < N; i++ ) {
  if( a[z] < a[i] ) z = i;
}
```

処理の中身はできましたから、関数にしましょう。それには、上の文に変数宣言やreturn文を追加します。関数名を"maxIndex"とすると、次のような関数ができあがります。

```
function maxIndex( a ) {
  var z, i;

  z = 0;
  for( i = 1; i < N; i++ ) {
    if( a[z] < a[i] ) z = i;
  }
  return z;
}
```

関数は、「function」を使って定義するのでしたね。引数は配列aです。最大値を持つ配列要素の要素番号がzに求まるので、最後にその値をreturnしています。

9.4 レビューする

プログラムを書きあげると一刻も早く実行したくなりますが、落ち着いてコードをよく見直してください。コードの見直しは、良いプログラムを作る上で非常に効果的な作業です。

コードを見るとNの値が決まっていないことに気づくはずです。Nは配列の要素数ですから、a.lengthで求まります。しかし、そのa.lengthが0のとき、すなわち配列に要素が含まれていないときの動きに問題はないでしょうか？

いろんなケースを想定してレビューしよう！

配列要素がどんな場合でもOK？

0個だったら？

Nのところが0になると、forの中身は一度も実行されず、0が戻ります。つまり、a[0]が最大値を保持していると答えることになるのですから、誤りです。エラーを報告しなければなりません。有効な配列要素番号は0から始まるので、-1を戻すことにしましょう。aが配列でないときにはa.lengthがundefinedになるので、ついでにこれもチェックしておきましょう。

要素が1つしかないときは、どうですか？

1個だったら？

このときもforの中身を一度も実行せずに0を戻しますが、これは正しい値ですから問題ありません。

配列要素の値が全部同じだったら、どうでしょうか？

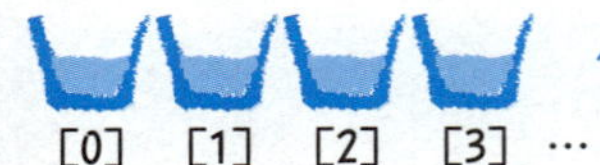

全部同じ値がはいってたら？

このときはif文の条件を満たすことがないので、0が戻ります。この関数は、最大値を保持する要素が複数個含まれていると、最初に見つけた番号を戻すことになるので、そのことを仕様に書いておきましょう。

● レビューに伴う修正

レビューの結果、分かったことを仕様に書き加えます。

- 入力は、数値データだけを含む配列である。
- 入力に配列以外が指定されたり、配列が空のときはエラーとなり、-1を戻す。
- 出力は、最大値を保持する要素の要素番号である。
- 最大値が複数回現れるときは、最小の要素番号を戻す。

関数のコードに処理を追加し、仕様をコメントで書き入れます。結局、次のような結果が得られます。

▶ ex9-1.html

```
function maxIndex( a ) {
//
//   数値の配列aの中で最大値を保持する要素の要素番号を調べる
//   最大値が複数回現れるときは、最小の要素番号を戻す
```

```
//
//   戻り値
//   0または正の値  :  最大値を保持する要素の要素番号
//   -1 : (エラー)aが配列でないか、配列に要素が含まれていない
//
  var z, i;

  if( a.length === undefined || a.length < 1 ) return -1;
  z = 0;
  for( i = 1; i < a.length; i++ ) {
    if( a[z] < a[i] ) z = i;
  }
  return z;
}
```

Tip プログラムを見直しましょう

実行すれば簡単に不具合が分かるような気がしますが、よく考えずに実行と修正を繰り返すと泥沼化して抜け出せなくなります。試行錯誤では、良いプログラムは作れません。

Tip プログラムの機能が不十分なとき

プログラムに不完全なところを見つけたとき、プログラムを修正する場合と、プログラムはそのままで制限事項とする場合があります。どちらにするかは、そのプログラムをどの程度頑丈に作るかの考えによります。制限事項はできるだけ少なくしたいところですが、きりがないこともあります。たとえば、maxIndex関数を、文字列データが混じっていても問題なく動作するように作ることもできますが、プログラムが何倍か大きくなってしまいそうです。ですから、「重大度や発生頻度」と「対処に必要な手間」を見比べて現実的なところに落ち着かせるのです。
なお、制限事項にしたら、そのことをコメントに明記しておくように心がけましょう。

10 プログラミングの話題

テストや不具合修正などについて説明をします。

10.1 テスト

●ドライバとスタブ

関数の動作を確認するには、テストでその関数を呼び出すプログラム（テスト・ドライバ）が必要です。動作確認するプログラムがまた別な関数を呼び出しているときには、呼び出されている関数の代役を果たすプログラム（テスト・スタブ）を使うこともあります。

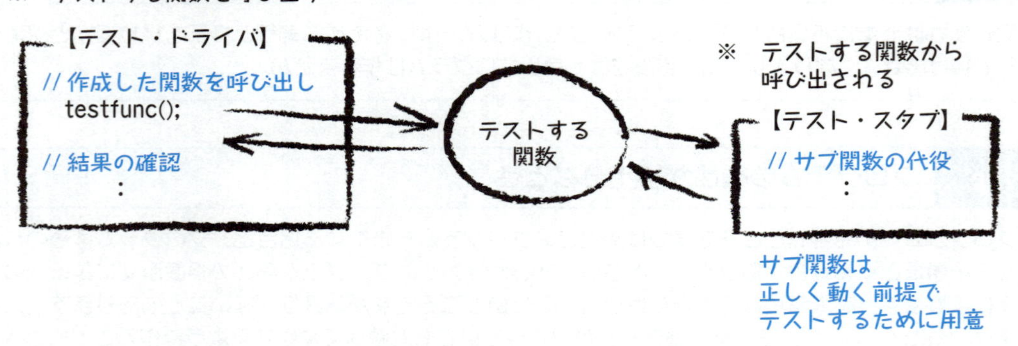

ここでは、動作確認する関数maxIndexを呼び出して、その戻り値を表示するメインプログラムを用意します。それは、次のような形です。

```
var rc;
rc = maxIndex( [ 配列要素 ] );
alert( rc );
```

●テストデータ

テストは、プログラムが仕様通りにきちんと動くことを確認する作業です。漫然と、「データを与え、表示された結果を見てチェックする」ということを繰り返すのはテストとはいえません。何を調べるのかを考え、それを的確に調べることのできる入力データと、期待する結果を揃えてからテストします。結果を予想しないテストは無意味です。

このことを確かめよう　⇒　それにはこんなテストデータを渡す　⇒　結果はこうなるはずだ
（確認する項目）　　　　　（入力）　　　　　　　　　　　　　　（出力）

プログラムの不具合の多くは、きわどいところで起こります。先に作った関数は、配列が空のときに正しい結果を戻さなかったことを思い出しましょう。ありふれたデータだけでなく、意地悪なデータを使って調べてください。

次にmaxIndex()をテストするための表を用意しました。一部を埋めてあります。

確認項目	テストデータ	期待される結果
配列を渡すと、最大値を持つ要素の要素番号を戻すか	[2, 5, 7, 3, 15, 4, 1] [22, 3, 5, 8, 12] [1.2, 6.1, 5.3, 6.2]	4 0 3
最大値が複数回現れるとき、最小の要素番号を戻すか		
配列以外が指定されたら、-1を戻すか		-1
配列に要素が含まれないときは、-1を戻す		-1

上の表に記入済みの3つのテストデータは、最大値が配列の途中/先頭/最後に現れるという違いがあります。また、3つ目は小数点以下のあるデータです。このように、ありふれたデータの中でもパターンを変えて確かめると、気づきにくい問題や不具合を見つけやすくなります。

例題 10-1

上の表の空欄にテストデータを書き込みなさい。
そのデータを用いて、ex10-1.htmlに示したテスト用プログラムで確認しなさい。

▶ ex10-1.html

```
<!DOCTYPE html>
<html>
<head>
  <meta charset="UTF-8">
  <title>Workbench</title>
  <script>
  function maxIndex( a ) {
  //
  //   数値の配列aの中で最大値を保持する要素の要素番号を調べる
  //   最大値が複数回現れるときは、最小の要素番号を戻す
  //
  //   戻り値
  //   0または正の値 ： 最大値を保持する要素の要素番号
  //   -1 : (エラー)aが配列でないか、配列に要素が含まれていない
  //
    var z, i;

    if( a.length === undefined || a.length < 1 ) return -1;
    z = 0;
    for( i = 1; i < a.length; i++ ) {
      if( a[z] < a[i] ) z = i;
    }
    return z;
  }
  function testMain( ) {
```

```
      var rc;
      rc = maxIndex( [ 2, 5, 7, 3, 15, 4, 1 ] );
      alert( rc );
    }
    </script>
  </head>
  <body>
  <p>最大値の配列要素番号を求める</p>
  <button onclick="testMain()">結果を表示する</button>
  </body>
  </html>
```

このテストプログラムを実行すると、次の処理結果が表示されます。

maxIndex()に渡している配列の内容を、表に記入したテストデータに書き換えて、想定した結果が表示されるか確認してください。

NOTE 比較演算子による大小比較

maxIndex()は、すべての要素が数値の配列を処理対象としました。しかし、比較演算子による大小比較は、文字列でも数値と同様に比較できます。もし、次の配列をmaxIndex()に指定したら、どうなると思いますか？

```
(1) [ "another", "else", "before", "company" ]   //すべて文字列
```

大小比較が正しく行われ、辞書順で一番大きい"else"の要素番号が返されます。
配列要素の値がすべて数値か、(1)のようにすべて文字列のときは問題ないのですが、数値と数値に変換できない文字列が混ざっていると問題が起こります。次の例がそうです。

```
(2) [ 1, 3, "$", 5, "+", 9 ]    //数値と文字が混在(数値化できない文字を含む)
```

値9の配列要素番号5が返されますが、正しく大小比較されている訳ではありません。比較演算子は数値と文字列を比較するとき、文字列を数値に変換しようとするのですが、数値に変換できない文字列があるとNaN (Not-a-Number)という値に変換されます。NaNを含む条件式は大小関係を判定できないので常にfalseになります。
もし、配列要素に文字列を含むことを許すなら、「配列要素の値を調べ、正しく処理できない場合はエラーにする」などの対処が必要になります。maxIndex()では、「数値の配列」という制約を設け、コメントに残すことにしました。

10.2 不具合修正

プログラムに含まれる不具合をバグといい、これを取り除くことをデバッグ（デバグ）といいます。プログラムの不具合は、その主な原因の所在によって、次の3つに分類できます。

(1) 文法上の誤り
(2) 実行時の誤り
(3) 処理手順の誤り

文法上の誤りは、プログラミング言語の文法違反です。プログラムコード上で確認できる種類のものであり、他の誤りに比べて見つけやすいものです。後述のコンソールを利用してエラー内容を確認することもできます。ただし、if文の条件式で比較演算子「==」とすべきところを間違えて代入演算子「=」にしたときのように文法違反とならないものは、文法を誤解していると手間取るかもしれません。

実行時の誤りは、実行中に0で割り算をしたり、配列の要素番号が負になるなど、プログラムの実行中に表面化する不具合です。この種の不具合は現象を再現する必要があるので、プログラムの動きを追跡しなければなりません。

処理手順の誤りは、処理の仕方の不備であり、プログラムの修正が広範囲に及ぶことが多い深刻な誤りです。処理の手順が違っていたら、初めから作り直す方が早いこともあります。また、不具合現象の挙動が分かりにくくなりがちです。たとえば、最大値を求める手順に誤りがあって、最初の要素が処理から漏れる場合を考えてください。最大値が先頭にない限りは正しく動作するので、ごくまれに起こる不具合現象になります。

Tip 修正するときも、注意！

不具合の原因を突き止めたら、一刻も早く修正したくなるものです。しかし、修正するときに別な不具合の原因を作ってしまうことが多いので、原因が分かっても気を抜かず、注意深く作業してください。修正の影響が及ぶ範囲を調べて、新たな問題を起こさない修正方法を選ばなければなりません。当面の問題に表面的に対処すれば解決する種類の不具合は多くありません。ついでに言うと、問題の多いプログラムは、捨てて作り直す方がよい場合もよくあります。

10.3 デバッグ・ツール

● デバッガ

デバッガは、デバッグ作業を支援するツールで、主に実行時に表面化する誤りを調べるのに使います。デバッガを使うと、プログラムの実行を一時停止してソースコードを1行ずつ実行したり、そのときの変数の値を調べたり、書き換えたりできます。次項で、ブラウザに用意されているデバッガの操作を説明します。

デバッガが強力な万能ツールのように見えるかもしれませんが、デバッガが効果的な場面は想像するほど多くはありません。研究や犯罪捜査でもそうですが、仮説や推論なしに闇雲に調べるだけでは成果を期待できません。そして、仮説の是非を判定するのなら、ピンポイントで調べることができるので、デバッガに頼る必要がありません。もし手探りが必要なら、その仮説はもっと具体化が必要です。さらに、デバッガは処理手順の誤りそのものを指摘してくれることもありません。デバッガを使うときも、推理を忘れないようにしてください。

Tip　むやみな修正をやめて原因を推理しよう

あらゆる種類の不具合の原因を見つけるのに有効な方法は、（がっかりするかもしれませんが）コードレビューです。コードレビューは、処理手順の誤りだけでなく、実行時の誤りや文法上の誤りに対しても有効です。「キーボードから手を離して、よく考える」ことが大切です。キーボードをカチャカチャと操作するのは、デバッグしているような気分を味わえますが、それだけでは原因を見つけにくいだけでなく、すぐにプログラムが汚れてしまう悪いやり方です。

● コンソール・ウィンドウ

alert()は、実行中にプログラム内の通過点や変数の値を簡単に確認できるので便利ですが、その都度OKボタンを押して閉じる必要があるので、不便なときもあります。そのような場合はコンソール・ウィンドウが便利です。

ブラウザには、開発者向けツールが用意されていて、その中にコンソールと呼ばれる入出力用ウィンドウがあります。alert()でダイアログに表示する代わりに、console.log()というメソッドを使ってコンソール・ウィンドウに必要な情報を表示することができます。

コンソール・ウィンドウは、通常は表示されていませんが、F12キーを押すと表示されるようになります。

JavaScriptのプログラムからコンソールに出力するには、console.log()を使用します。引数はalert()と同じです。

指定例

```
console.log( "check" );                //指定したメッセージを出力する
console.log( grade );                  //変数gradeの内容を出力する
console.log( "score:" + score );       //変数名と変数を連結した例
```

コンソール・ウィンドウを表示した状態でプログラムを実行すると、console.log()に指定した内容がコンソールに出力されます。出力は下にどんどん追加されますが、次の操作でクリアできます。

Chrome	マウス右メニュー→Clear Console
Internet Explorer	マウス右メニュー→コンソールのクリア
FireFox	［ゴミ箱］ボタン

ブラウザは、プログラムの誤りを見つけても、それを報告してくれません。しかし、コンソールを表示した状態で実行すると、エラーの内容やその行番号がコンソールに表示されるのでデバッグの役に立ちます。

次に、コンソールに表示されるエラー・メッセージの例を示します。

```
ステートメントの終わりのセミコロンをコロンにすると、
Chrome            Uncaught SyntaxError: Unexpected token :
InternetExplorer SCRIPT1004: ';' がありません。
FireFox SyntaxError: unexpected token: ':'
```

「";"を間違えて":"にしています。」というエラー・メッセージは1つもありません。JavaScriptからは、「こんなところに":"があるのはおかしい」とか、「";"がない」という誤りに見えるのです。

分かりやすく指摘してくれないから、エラー・メッセージを見ても役に立たないと決めつけるのはよくありません。エラー・メッセージから「表示されたのだから、どこかに間違いがあるらしい」という情報しか受け取らないのはもったいないことです。分かるところだけでも読み取ろうとすれば、ヒントが得られるものです。

もう1つ、「エラー処理」の例題と同じエラーですが、例を見てください。

```
alertをaletと書くと、
Chrome            Uncaught ReferenceError: alet is not defined
InternetExplorer SCRIPT5009: 'alet' は定義されていません。
FireFox ReferenceError: alet is not defined
```

「aletと書いてあるけど、alertと違いますか？」というエラー・メッセージは、期待できません。aletとalertが似ているというのは人の感覚です。「"alet"が関係しているらしい」ということをヒントに、その周辺を調べると誤りが見つかります。

ブラウザの開発者ツールに含まれるデバッガを使うときは、次のタブをクリックします。

Chrome	[Sources] タブ
Internet Explorer	[デバッガー] タブ
FireFox	[デバッガー] タブ

次の図は、Chromeのデバッガでの表示例です。

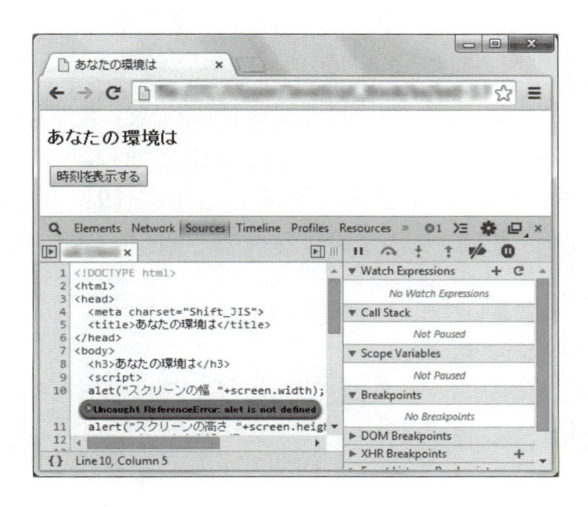

左にソースコード、右にステップ実行のボタンや確認できる項目が並んでいます。この例ではエラーが分かりやすく表示されていますが、間違いの種類によってはこのように明快ではありません。デバッガの操作に精通するより、プログラムをよく見直して修正するようにしましょう。

10.4 関数とのやり取り

関数にデータを渡すには、引数を用いる方法とグローバル変数を用いる方法があります。多くの関数が共有するデータに限って、グローバル変数を用いますが、普通は引数を使います。

関数からデータを受け取るには、主に戻り値を使いますが、引数やグローバル変数も用いられます。このとき、戻り値には「1つだけ」という制限があり、引数では「値渡し」に起因する現象に注意が必要です。

以下では、制限が多い「関数から複数の値を戻す」ことを中心に説明します。

● 引数

引数を用いて関数にデータを与える場合は問題がありませんが、引数を用いて結果を持ち帰ろうとするときは注意が必要です。引数にプリミティブ変数(1つの値だけを持つ基本的な変数)を使うと、関数の中で書き換えても、呼び出し側に反映されないからです。

引数を使って結果を戻すには、配列かオブジェクトを引数に用います。オブジェクトの説明はまだですが、ここでは複数の値を保持する仕組みであるとしておきましょう。なお、配列もオブジェクトです。次に使用例を示します。

```
function x( obj ) {
  // 何かの処理があって…
  obj.retc = rc;
  obj.ans  = p;
}

//  main
  var reply = new Object();
  x( reply );
  alert( reply.retc );  // rc
  alert( reply.ans );   // p
```

● 戻り値

戻り値は1つだけですが、配列にしたり、オブジェクトにしたりできます。

戻り値を配列にする例を次に示します。複数の値を配列の形にまとめ、それをreturnで関数から返す方法です。その関数を呼び出して使う側でも、戻り値を配列に受け取ります。次の例は、関数がrcとpを配列で戻し、呼び出し側はreplyに受け取っています。reply[0]、reply[1]で参照します。

```
function x() {
  // 何かの処理があって…
  return [ rc, p ];
}

//  main
  var reply = x();
  alert( reply[0] );    // rc
```

```
    alert( reply[1] );     // p
```

次に、戻り値をオブジェクトにする例を示します。複数の値をオブジェクトにまとめ、それを返す方法です。次の例は、関数がrcとpの2つの値をオブジェクトにまとめて戻しています。

```
  function x() {
    // 何かの処理があって…
    return { retc:rc, ans:p };
  }

  //  main
    var y = x();
    alert( y.retc );        // rc
    alert( y.ans );         // p
```

● グローバル変数

関数の戻り値や引数を使わず、どの関数からも見える変数に書く方法です。関数の外で宣言するか、varによる変数宣言をせずに変数を使うと、どこからでも参照できる変数(グローバル変数あるいは広域変数)になります。グローバル変数は便利ですが、いつ誰が書き換えたかが分かりにくいので関数の独立性を低下させる恐れがあります。あまり多用せず、使うのは大多数の関数が使う場合だけにしましょう。

```
  var retc, ans;    //  関数の外で宣言するとグローバル変数になります。

  function x() {
    // 何かの処理があって…
    retc = rc;
    ans = p;
    }

    //  main
    alert( retc );
    alert( ans );
```

NOTE 参照渡しと値渡し

関数の引数が配列やオブジェクトのときは、関数の中でその中身を書き換えて結果を戻すことができます。このときはデータの場所(アドレス)が伝達されるからで、「参照渡し」と呼びます。
しかし、引数に数値や文字列、論理値やそれらを保持する変数(プリミティブなリテラルまたは変数といいます)を書くと、その値のコピーが関数に引き渡されるので、関数の中で書き換えても呼び出し側に結果を戻すことができません。これが「値渡し」です。
プリミティブ値を呼び出し側に戻すときには、引数を使わずreturn文による関数の戻り値を使います。プリミティブ値がいくつもあるときは、上に説明した方法のいずれかを用います。

● 例題

先のmaxIndex()では、関数の戻り値を使って配列の要素番号やエラーコードを戻しました。この場合、要素番号とエラーコードの区別が明白なので、この方法が使えました。すなわち、正しく処理できたときは0以上の整数が、問題があるときは負の値を持つエラーコードが戻されるからです。しかし、配列の全要素の値の合計を戻す場合には、求めた合計値がたまたまエラーコードと同じ値になる可能性があるので、この方法は使えません。

例題 10-2

数値の配列aの全要素の値の合計を求める関数totalを書きなさい。
関数から、リターンコードと合計が戻るように考えなさい[*8]。

リターンコードと処理結果という2つの値を返すために、配列を使うことにしましょう。リターンコードはmaxIndex()を参考にして決めます。下のような関数の要目を書き出して作業すると、整理しやすくなります。

関数の名前	total
引数の宣言	配列a　　　　　　　　　　　（入力）
処理の中身	引数で受け取った数値の配列aの全要素の値の合計を求める 処理の成否と求めた合計は、戻り値の配列で返す
戻り値	戻り値[0]：リターンコード、戻り値[1]:合計値 リターンコードの内容 0:OK、-1:aが配列でないか配列に要素が含まれていない

【処理の手順】

配列要素の0番からN-1番まで、1つずつ加えるという繰り返しです。合計を求める変数（sum）を最初に0クリアすることと、受け取った引数のチェックも必要です。

手　順

1. 引数が1つ以上の要素を持つ配列であることを確認する
2. sumを0クリアする
3. iを0からN-1まで繰り返す
   sumにa[i]を足す
   iを1つ進める

【プログラム】

▶ ex10-2.html

```
<!DOCTYPE html>
<html>
<head>
  <meta charset="UTF-8">
  <title>Workbench</title>
```

＊8　処理の成否を報告する戻り値をリターンコードと呼びます。特にエラーの理由を示すときは、エラーコードという呼び方をします。

```
  <script>
  function total( a ) {
    var sum, i;

    if( a.length === undefined || a.length < 1 )
      return [ -1, undefined ];
    sum = 0;
    for( i = 0; i < a.length; i++ ) {
      sum += a[i];
    }
    return [ 0, sum ];
  }

  function testMain( ) {
    var reply = total( [ 3, 2, 5, 1, 4, 7 ] );
    alert( "return code: " + reply[0] );
    alert( "合計: " + reply[1] );
  }
  </script>
</head>
<body>
<p>配列要素の合計を求める</p>
<button onclick="testMain()">結果を表示する</button>
</body>
</html>
```

例題 10-3

関数total()を使って、数値の配列aの全要素の値の平均値を求めるプログラムを書きなさい。

11 ソートのプログラム

先に作った最大値のプログラムを使って、並べ替えをするプログラムを作ります。

例題 11-1

配列aの要素を値の小さいものから順に並べ替える関数を書きなさい。

JavaScriptの配列（Arrayオブジェクト）にはsortという並べ替えメソッドが用意されているので、a.sort()とするだけで、結果が得られます。しかし、ここはプログラミングの練習ですからmaxIndex()を使ってソートします。

11.1 仕様を考える

並び順の指定はできず、常に昇順としておきましょう。また、maxIndex()を使うので、配列の要素は数値でなければなりません。

- 入力は、数値データだけを含む配列である。
- 引数に与えられた配列要素を、小さいものから順に並べ替える

11.2 手順を考える

maxIndex()を使うと最大値を保持する要素の番号が分かるのですから、少なくとも、その値が右端に来ることは明らかです。その次は、右端を除いた残りの要素の中から最大値を選んで、右から2番目に置きます。これを繰り返せばできそうです。

アイデアが決まったら、思いつくままに手順を書き並べます。maxIndex()のときと同じく配列aのサイズ（a.length）をNとしています。

```
0番から(N-1)番の範囲で、最大の要素を(N-1)番に置く。
0番から(N-2)番の範囲で、最大の要素を(N-2)番に置く。
 ：
0番から2番の範囲で、最大の要素を2番に置く。
0番から1番の範囲で、最大の要素を1番に置く。
```

どの行も「0番からi番の範囲の最大値をi番に置く」という形をしています。

0番からi番の範囲で、最大の要素をi番に置く。

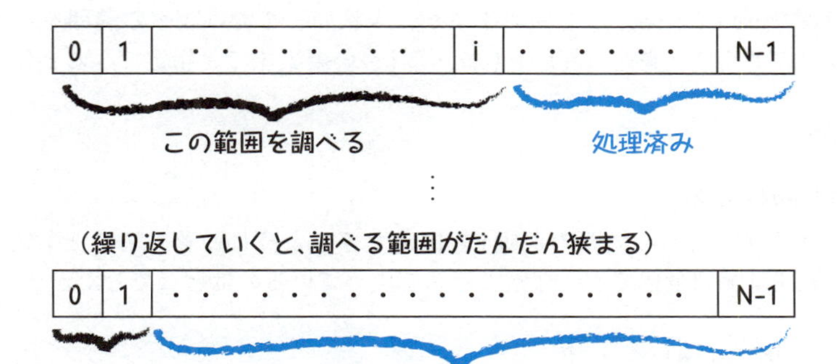

最初は配列全体から最大値を見つけますが、調べる範囲が1つずつ狭くなって、先頭要素だけになったらソートは終わりです。ですから、iをN-1から1まで、1つずつ減らしながら繰り返すことになります。

手　順
iをN-1から1まで、繰り返す 　　0番からi番の範囲の最大値をi番に置く 　　iを1つ減らす

「0番からi番の範囲の最大値をi番に置く」部分は、もう少し詳細化が必要です。

`maxIndex()`を使って最大値を保持する要素の要素番号を求めます。これをzとすると、最大の要素をi番に置く処理とは、`a[z]`と`a[i]`を交換する操作でなければなりません。それでないと、`a[i]`の要素が保持していた値が失われてしまいます。

0番からi番の範囲で、最大値を持つ要素の要素番号をzに求める。　(A)
`a[z]`と`a[i]`を交換する。　(B)

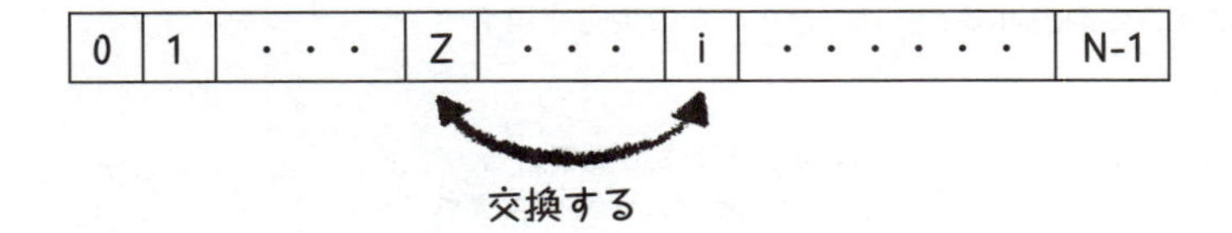

これを手順に反映すると、次のようになります。

手　順	
iをN-1から1まで、繰り返す	
0番からi番の範囲で、最大値要素の要素番号(z)を求める	(A)
a[z]とa[i]を交換する	(B)
iを1つ減らす	

11.3 プログラムを書く

手順の(A)には関数maxIndex()を使いますが、現状のままでは調べる範囲を指定できないので、改修が必要です。次のように、調べる範囲を0番からi番の要素までと指定できると便利です。

```
z = maxIndex( a, i );                                          (A)
```

● maxIndex()を改修する

maxIndex()の引数に調べる範囲の上限iを指定できるように改修することにします。今のところ、最大値を探す範囲は配列全体です。探索の範囲を決めているのはどこでしたか？

```
function maxIndex( a ) {
//
//   数値の配列aの中で最大値を保持する要素の要素番号を調べる
//   最大値が複数回現れるときは、最小の要素番号を戻す
//
//   戻り値
//   0または正の値 ： 最大値を保持する要素の要素番号
//   -1 ： (エラー)aが配列でないか、配列に要素が含まれていない
//
  var z, i;

  if( a.length === undefined || a.length < 1 ) return -1;
  z = 0;
  for( i = 1; i < a.length; i++ ) {
    if( a[z] < a[i] ) z = i;
  }
  return z;
}
```

for文のa.lengthです。この値を引数で指定できるように修正します。

```
function maxIndex( a, x ) {
//
//   数値の配列aのa[0]からa[x]の範囲で最大値を保持する要素の要素番号を調べる
//   最大値が複数回現れるときは、最小の要素番号を戻す
//
//   戻り値
//   0または正の値 ： 最大値を保持する要素の要素番号
//   -1 ： (エラー)aが配列でないか、配列に要素が含まれていない
//
  var z, i;

  if( a.length === undefined || a.length < 1 ) return -1;
  z = 0;
  for( i = 1; i < x; i++ ) {
    if( a[z] < a[i] ) z = i;
  }
  return z;
}
```

for文のa.lengthをxに書き換えただけですが、これで問題はありませんか？プログラムを修正したときも、ていねいに見直してください。

a[0]からa[x]までを調べるはずなのに、for文の条件は「i < x」になっています。これでは、a[x]が探索範囲に含まれないので、「i <= x」としなければなりません。

xがa.length以上のときはどうですか？たとえば配列aの要素数が5なのに、xに8が指定されたような場合です。このとき、a[x]という要素は存在しないので、エラーにしなければいけませんね。「この関数を使うのは自分だけだ」と割り切る判断もありますが、簡単に再利用できるという関数の利点を失わないためにも、引数のチェックは欠かさないようにしましょう。

xに0や負の値が指定されたときはどうでしょう？そのときは、0が戻されます。これは、指定された範囲に含まれる有効な配列要素がa[0]だけなのですから、最大値を保持する要素がa[0]だという応答は妥当だといえます。以上のことを反映すると、次のようになります。

```
function maxIndex( a, x ) {
//
//   数値の配列aのa[0]からa[x]の範囲で最大値を保持する要素の要素番号を調べる
//   最大値が複数回現れるときは、最小の要素番号を戻す
//
//   戻り値
//   0または正の値 ： 最大値を保持する要素の要素番号
//   -1 ： (エラー)aが配列でないか、配列に要素が含まれていない
//   -2 ： (エラー)探索範囲の上限xが配列要素番号の上限を越えている
//
  var z, i;

  if( a.length === undefined || a.length < 1 ) return -1;
  if( x >= a.length ) return -2;
  z = 0;
  for( i = 1; i <= x; i++ ) {
    if( a[z] < a[i] ) z = i;
  }
  return z;
}
```

これでひとまず完成ですが、余裕があれば旧版との互換性にも配慮しておきましょう。つまり、改修前は引数がaだけだったので、旧版を使っていたプログラムは新しいmaxIndex()を使えなくなっています。

この問題は、次の行を追加するだけで解決できます。

```
function maxIndex( a, x ) {
//
//   数値の配列aのa[0]からa[x]の範囲で最大値を保持する要素の要素番号を調べる
//   xを指定しないときは、配列全体を対象として最大値を調べる
//   最大値が複数回現れるときは、最小の要素番号を戻す
//
//   戻り値
//   0または正の値 ： 最大値を保持する要素の要素番号
//   -1 ： (エラー)aが配列でないか、配列に要素が含まれていない
//   -2 ： (エラー)探索範囲の上限xが配列要素番号の上限を越えている
```

```
//
    var z, i;

    if( a.length === undefined || a.length < 1 ) return -1;
    if( arguments.length < 2 ) x = a.length-1;
    if( x >= a.length ) return -2;
    z = 0;
    for( i = 1; i <= x; i++ ) {
      if( a[z] < a[i] ) z = i;
    }
    return z;
}
```

arguments.lengthは、その関数を呼び出すときに指定された引数の数を示します。引数が1つしかないときは、配列aの最大要素番号「a.length-1」がxに指定されたものとして処理を進めています。

● 配列要素の交換

次に(B)の処理を考えましょう。

```
  a[z]とa[i]を交換する                                                    (B)
```

単純に相互に代入すると、こうですが・・・

```
  a[z] = a[i];                                                          (B1)
  a[i] = a[z];                                                          (B2)
```

上のようにすると、(B1)でa[z]が書きつぶされてしまうので、一時覚えの変数を使う必要がありますね。そのための変数tempにa[i]を退避し、あとでa[z]に代入しなければなりません。

```
  temp = a[i];
  a[i] = a[z];
  a[z] = temp;
```

● 繰り返しの処理

for文を使って繰り返しの部分を書きましょう。念のため、手順をもう一度示します。

```
手 順
iをN-1から1まで、繰り返す
    0番からi番の範囲で、最大値要素の要素番号(z)を求める                  (A)
    a[z]とa[i]を交換する                                              (B)
    iを1つ減らす
```

iは(N-1)から1まで順に小さくなることに注意してください。for文の初期化式(式1)には、iをN-1つまりa.length-1とする式を書きます。繰り返しの条件(式2)は、i　>　0です。繰り返しのたびにiを1つ減らすので、(式3)はi--です。

繰り返しの中身も書くと、次のようになります。

```
for( i = a.length - 1; i > 0; i-- ) {
  z = maxIndex( a, i );
  temp = a[i];
  a[i] = a[z];
  a[z] = temp;
}
```

● mySort()

これで準備ができたので、関数mySort()としてまとめます。

関数mySort()の入力と出力をハッキリさせておきます。この関数は配列aを並べ替えるので、入力も出力も配列aです。関数の戻り値は、処理が正しくできたかどうかを報告するリターンコードとします。リターンコードの決め方は自由ですが、正常なときに0を戻すのが一般的です。エラーにすべきケースはレビューのときに見ることにして、次の表にここまでの要目を整理します。

関数の名前	mySort
引数の宣言	配列a　（入力/出力）
処理の中身	引数で受け取った数値の配列aを昇順に並べ替えて更新する。 処理の成否を戻り値で返す
戻り値	リターンコード　0:OK

変数宣言やreturn文を追加し、functionとして定義します。

```
function mySort( a ) {
  var z, i, temp;

  for( i = a.length - 1; i > 0; i-- ) {
    z = maxIndex( a, i );
    temp = a[i];
    a[i] = a[z];
    a[z] = temp;
  }
  return 0;
}
```

11.4 レビューする

関数は受け取った引数をチェックしてから使うのが原則です。また、下位の関数を呼び出す場合には、その戻り値を調べるのが普通です。mySort()はどうでしょうか？

次のような点に注意して、コードを見直してください。

・必要な引数チェックをしてる？
・下位関数を使うとき、戻り値を調べてる？
・処理の漏れ／無駄な処理はない？
・ほかに考慮すべき点は？

引数aが配列でなかったら、a.lengthはundefinedという値になり、それを使って求めようとしたiはNaN (Not-a-Number)、そしてi > 0はfalseになります。その結果、繰り返しは実行されずに0が戻ります。これは「正常に処理されました」という意味になってしまうので、修正が必要ですね。

配列に要素が含まれていないときはどうでしょう？ソートの結果でも配列は空のままなので、「それでいいんだ」という解釈もできますが、これも併せてチェックすることにしましょう。

引数チェックを追加しよう
→a.length が undefined か、1未満ならエラーとする

そういえばこれと同じチェックをmaxIndex()でも行っていましたね。同じことを何度も調べるのは無駄なようですが、このような重複は動作の安定したプログラムを早く完成させるために必要なコストです。

関数を部品として使えるようにするには、自分が誤動作しないためのチェックと、誤ったデータを下位の関数に渡さないための配慮が必要です。それぞれの関数が自分の責任範囲を調べるので、しばしば同様の検査を繰り返すことになりますが、たいていはエラーを見逃すリスクに比べれば十分に見合うコストであるといえます。エラーがあるときは、できるだけ早くそれを報告すべきです。プログラムが暴走してコンピュータがフリーズするのは論外ですし、少なくとも誤った処理結果を用いて多くの処理を重ねたあとでは原因究明が難しくなるからです。

処理がmaxIndex()を呼び出すところまで進めば、maxIndex()がその他のエラーチェックもしてくれます。戻り値を調べ、もしエラーを返していたらそれをそのままリターンコードとして返すことにしましょう。

使用する下位関数の戻り値を調べよう
→maxIndex がエラーを返したら、それを返さなくちゃ

さて、次は処理の漏れや無駄がないかの確認です。

調べる範囲に漏れはなさそうです。無駄はどうでしょう？初めから調べる範囲の右端に最大値の要素があったら、並べ替えが少し省けるのではありませんか？

そのときはiとzが等しくなりますから、a[i]とa[z]の交換は無駄です。iとzが等しくないときだけ交換するようにしましょう。

無駄な処理を省こう
→交換は i と z が異なるときだけにする

● レビューに伴う修正

修正が必要なのは、上の3点です。

(1) a.lengthがundefinedのときはエラーにする

このあと(2)の修正でmaxIndex()からの戻り値を返す予定なので、それとかぶらないエラーコードにしなければなりません。-9としておきましょうか。引数チェックとして、次のコードを追加しましょう。

```
  if( a.length === undefined || a.length < 1 ) return -9;
```

(2) maxIndex()の戻り値がエラーならそれを返す

maxIndex()は、エラーコードとして負の値を返します。戻り値zをif文で判定し、負ならそれをそのまま返します。

```
  z = maxIndex( a, i );
  if( z < 0 ) return z;
```

この2つの式を合わせて、次のように書くことができます。

```
  if( ( z = maxIndex( a, i ) ) < 0 ) return z;
```

maxIndex()を呼び出し、戻り値をzに代入する式全体をカッコで囲み、それが「負か？」と尋ねています。"="による単純な代入式では、左辺の値が式の値となるので、これでzが「負か？」と尋ねたことになります。

なお、代入式を囲むカッコがないとうまくいきません。演算子の優先順位は、= より < の方が高いので、先にmaxIndex(a, i) < 0 が評価され、zにはその判定結果のtrue/falseが入るからです。

(3) a[i]とa[z]の交換はiとzが等しくないときだけにする

次のifブロックの中に交換する処理を入れればよいですね。

```
  if( i != z ) {    }
```

関数のコードに処理を追加し、仕様をコメントで書き入れます。

結局、次のような結果が得られます。ただし、この内容だけでは実行できません。実行プログラムは例題11-2に示します。

▶ ex11-1.html

```
    function mySort( a ) {
    //
    //   数値の配列aの要素を値の昇順に並べ替える
    //   数値と数値に変換できない文字列が混在する配列は正しく処理できない
    //
    //   戻り値
    //     0 :  正常に処理が行われた
```

```
//   -1 : (エラー)aが配列でないか、配列に要素が含まれていない
//   -2 : (エラー)探索範囲の上限xが配列要素番号の上限を越えている
//   -9 : (エラー)aが配列でないか、配列に要素が含まれていない
//
   var z, i, temp;

   if( a.length === undefined || a.length < 1 ) return -9;
   for( i = a.length - 1; i > 0; i-- ) {
     if( ( z = maxIndex( a, i ) ) < 0 ) return z;
     if( i != z ) {
       temp = a[i];
       a[i] = a[z];
       a[z] = temp;
     }
   }
   return 0;
}
```

11.5 動作を確認する

問題が起こりやすいのは、きわどいところです。maxIndex()のときと同様に、「配列要素の数が0または1である」「同じ値の要素が複数ある」など、意地悪なデータを使って調べてください。

次のようなメインプログラムを使って調べることができます。

```
var rc, a = [ 配列要素の並び ];
rc = mySort( a );
alert( rc + " : " + a );
```

mySort()をテストするための表を用意しました。

確認項目	テストデータ	期待される結果
配列を渡すと、値の昇順に並べ替えられるか		
同じ値の要素が複数あるとき、正しく並べ替えられるか		
配列要素が1つだけのとき、問題ないか		
配列以外が指定されたら、-9を戻すか		
配列に要素が含まれないときは、-9を戻すか		

例題 11-2

上の表に、テストデータと期待される結果を書き込んで、動作確認しなさい。次にテスト用プログラム例を示します。

▶ ex11-2.html

```
<!DOCTYPE html>
```

```
<html>
<head>
  <meta charset="UTF-8">
  <title>Workbench</title>
  <script>
  function maxIndex( a, x ) {
  //
  //   数値の配列aのa[0]からa[x]の範囲で最大値を保持する要素の要素番号を調べる
  //   xを指定しないときは、配列全体を対象として最大値を調べる
  //   最大値が複数回現れるときは、最小の要素番号を戻す
  //
  //   戻り値
  //   0または正の値 : 最大値を保持する要素の要素番号
  //   -1 : (エラー)aが配列でないか、配列に要素が含まれていない
  //   -2 : (エラー)探索範囲の上限xが配列要素番号の上限を越えている
  //
    var z, i;

    if( a.length === undefined || a.length < 1 ) return -1;
    if( arguments.length < 2 ) x = a.length-1;
    if( x >= a.length ) return -2;
    z = 0;
    for( i = 1; i <= x; i++ ) {
      if( a[z] < a[i] ) z = i;
    }
    return z;
  }

  function mySort( a ) {
  //
  //   数値の配列aの要素を値の昇順に並べ替える
  //   数値と数値に変換できない文字列が混在する配列は正しく処理できない
  //
  //   戻り値
  //    0 : 正常に処理が行われた
  //   -1 : (エラー)aが配列でないか、配列に要素が含まれていない
  //   -2 : (エラー)探索範囲の上限xが配列要素番号の上限を越えている
  //   -9 : (エラー)aが配列でないか、配列に要素が含まれていない
  //
    var z, i, temp;

    if( a.length === undefined || a.length < 1 ) return -9;
    for( i = a.length - 1; i > 0; i-- ) {
      if( ( z = maxIndex( a, i ) ) < 0 ) return z;
      if( i != z ) {
        temp = a[i];
        a[i] = a[z];
        a[z] = temp;
      }
    }
    return 0;
  }
```

```
    function testMain( ) {
      var rc, a = [ 13, 5, 7, 9, 12, 8, 0, 2 ];
      rc = mySort( a );
      alert( rc + " : " + a );
    }
    </script>
  </head>
  <body>
  <p>配列を昇順に並べ替える</p>
  <button onclick="testMain()">結果を表示する</button>
  </body>
  </html>
```

このテストプログラムを実行すると、次の処理結果が表示されます。

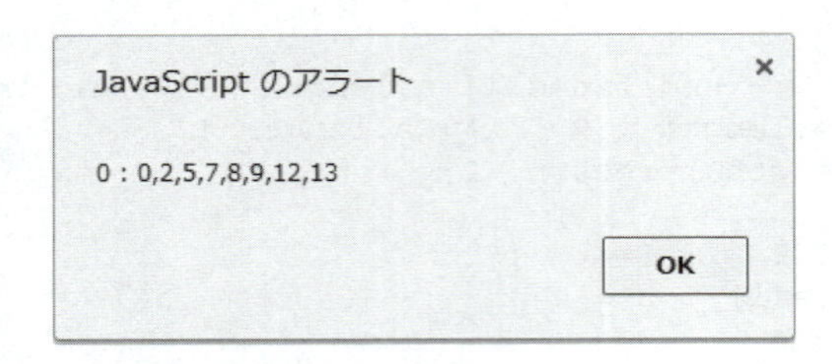

mySort()に渡す配列aの内容を、表に記入したテストデータに書き換えて、想定した結果が表示されるか確認してください。

NOTE　いろいろなソート手法

ここで用いた例題では最大値を求める関数を使いました。この方法は単純選択法(Simple Selection Sort)という方法で、理解しやすくコンパクトですが処理効率は良くありません。
ソートはコンピュータの処理の中でも最も多く使われるものであり、そのデータも大量になりがちです。大量のデータの中から特定のものを見つけ出す「探索」処理でもソートが使われます。ソートの手順はよく研究されていて、いろんな方法が使えます。

色々なソートアルゴリズム

- 単純選択法　…mySort()の例題で使用
- シェルソート
- クイックソート …効率が良いとされる

　：

効率の良いソートの最右翼はクイックソートでしょう。簡単にいうとクイックソートは、適当に選んだ要素の値（ピボット）より大きいか小さいかでデータを2つのグループに分け、それぞれのグループ内でピボットを選んでさらに2分することを繰り返す方法です。

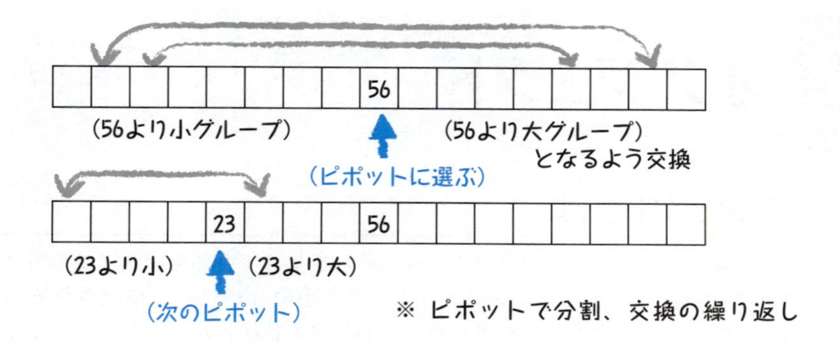

この方法では初期の段階で要素が大きく移動し、データ数の少ない小さなグループに分けて処理するので高速です。これは、100枚の数字カードをソートするより、10枚を10組ソートする方が簡単だという理屈ですが、手作業でソートすることを想像すれば理解できると思います。

12 オブジェクト

12.1 オブジェクトとは

一般に大きなものや複雑なものは部品に分けて作り、それを集めて全体を組み立てる方法がよく用いられますが、プログラムも同じです。プログラムはデータと手続き（処理）で構成されるので、プログラミング言語にはたいていデータや手続きをまとめて部品化する仕組みが用意されています。

配列はデータをまとめて取り扱う仕組みであり、関数は一定の手続きを部品化したものといえます。

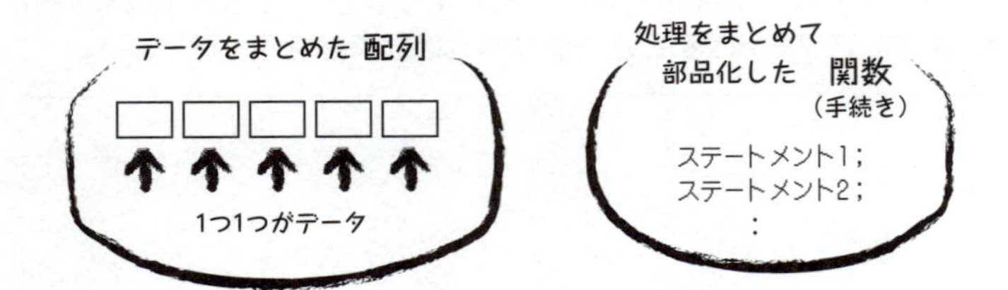

そして、オブジェクト（Object）はデータと手続きの両方をまとめる部品にあたります。しかし、単にひとまとめにするだけではなく、データと手続きが連携するところから大きなメリットが得られます。

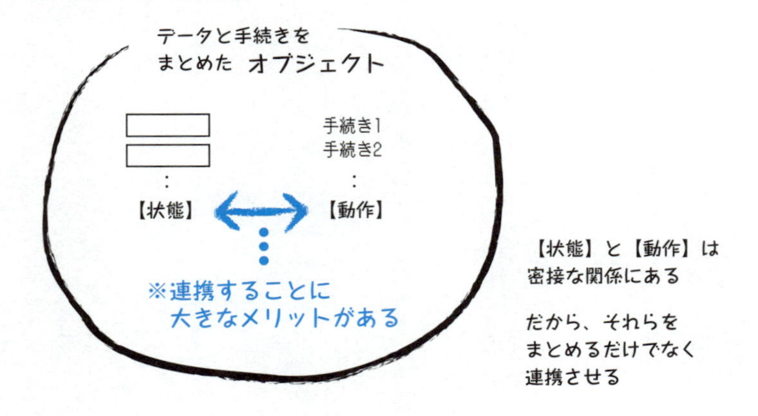

オブジェクトという言葉は「モノ」、つまりプログラムで取り扱う対象を示します。形を持たないモノでも構いません。オブジェクトは、プログラムで取り扱うモノごとに、データや処理手続きをひとまとめにしたものです。オブジェクトに含まれる変数（状態変数）は状態を表し、処理手続き（関数、メソッド）は動作を表します。

所持金の額がその人の行動に影響し、逆に行動がその人の所持金を変化させるように、オブジェクトでも状態変数の値がメソッドの実行結果を左右したり、逆にメソッドが状態変数の値を変化させたりします。つまりオブジェクトは、単にデータと手続きをまとめて持つだけではなく、両者が密接に連携することで「1つのモノの状態や動作を記述する仕組み」なのです。

自動車のオブジェクトに「加速する」というメソッドがあるとします。このメソッドは、車両の重量やエンジンの出力に基づいて計算した結果で、速度や位置などの状態変数の値を更新します。

オブジェクトの状態と動作の関係

【状態変数】　【メソッド】
状態を参照して→メソッドが動作したり
状態が←動作によって更新されたり

<自動車オブジェクトの例>

車両重量
エンジン出力
加速する
速度
方向を変える
位置
：

定義した自動車オブジェクト型で、いくつも異なる車両のデータを用意することができます。同じ時間だけ加速しても、その結果は車両によって違ったものになります。

場合によっては、路面の状態や傾斜を考慮するかもしれません。それらは自動車の状態ではないので、路面を表すオブジェクトの状態になるでしょう。そのような外部の情報はメソッドへの引数などで引き渡すことができます。

さらに、自動車、船、飛行機の類似点に着目して、共通部分だけを「乗りもの」のオブジェクトとしておき、異なる部分を追加したり書き換えたりして、船、飛行機、自動車のオブジェクトを作るような使い方ができます。別なオブジェクトを基にして新しいオブジェクトを作る仕組みは、継承（inheritance）と呼ばれます。継承は、文字通り「承け継ぐこと」という意味です。

オブジェクトから別のオブジェクトを作る「継承」

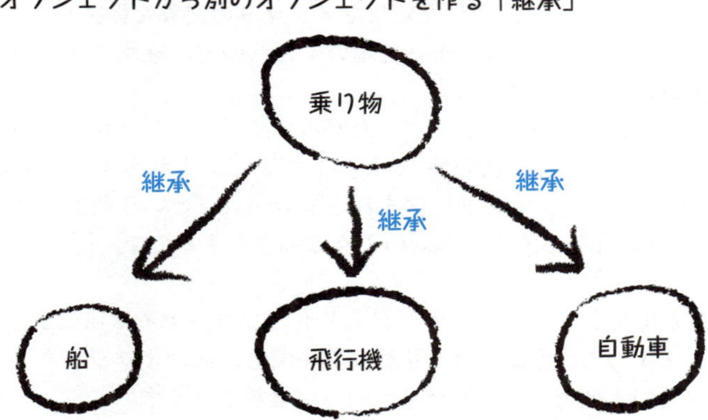

このように、オブジェクトを使うと対象物ごとに情報や処理手続き一式をパッケージ化できるので、部品の独立性が高くなり、プログラムの見通しが非常に良くなります。

NOTE　関数とメソッドの違い

関数は処理手続きをまとめたものです。メソッドは、特にオブジェクトに含まれる関数をいいます。`alert()`や`prompt()`は、`window`オブジェクトのメソッドであり、関数です。

12.2 JavaScriptのオブジェクト

C++やJavaなどのプログラミング言語では、classを基礎にしてオブジェクトを取り扱います。この取扱い方を「クラスベース」と呼びます。classはオブジェクトの状態変数やメソッドを定めたもので、型紙やひな型の役割を担います。そして、classを基にしてオブジェクトを作りますが、この仕組みをインスタンス化(instantiation)と呼び、作成されたオブジェクトデータをインスタンス(instance)と呼びます。学生のclassを使って1人1人のインスタンスを作るとか、自動車のclassを使って消防車やフォーミュラカーのインスタンスを作るというイメージです。

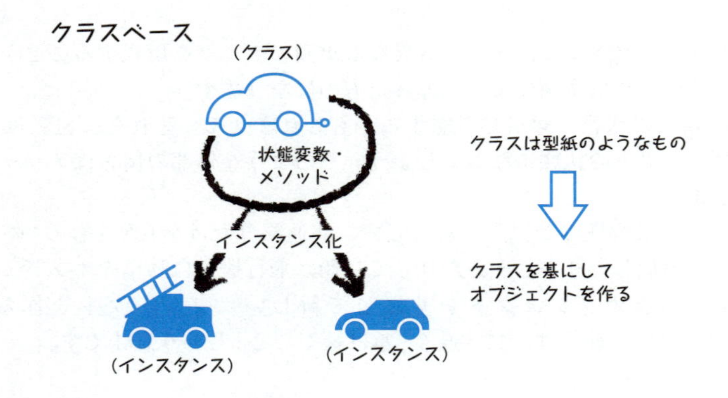

クラスベースの取り扱いでは、classが状態変数やメソッドの定義を保持し、インスタンスが状態(状態変数の値)を保持しています。継承は、classを用いて行うので、継承されるのは状態変数とメソッドに限られ、状態変数の値は継続されません。

これに対してJavaScriptではclassを使わず、したがってインスタンス化も行いません。オブジェクトが状態変数もメソッドも状態(状態変数の値)も保持していて、それらすべてが継承可能です。継承させたいものは、JavaScriptのオブジェクトに含まれる"prototype"という名前のプロパティの中に含めておきます。この取扱い方は、prototypeがclassのような働きをするので、「プロトタイプベース」と呼ばれます。

CSSでもプロパティが出てきましたが、オブジェクトのプロパティはJavaScriptのオブジェクトを構成している容器を指します。この容器には、状態変数や関数、他のオブジェクトを収めることができますが、特に"prototype"という名前のプロパティの内容が継承されます。

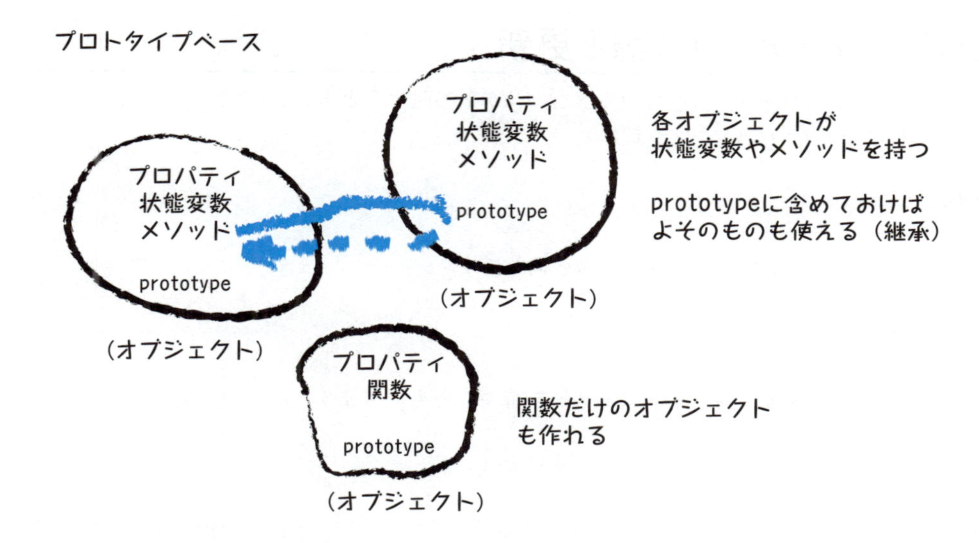

JavaScriptには、あらかじめ用意されている組み込みオブジェクトと呼ばれるものがあります。次に主なものを挙げます。

【JavaScriptの主な組み込みオブジェクト】

オブジェクト名	内容	
Array	配列に関する状態変数やメソッド	
String	文字列	各タイプのデータをオブジェクトとして扱うためのもの
Boolean	論理値	
Number	数値	
Math	数学の定数や関数	
Date	日付、時間の処理に関する状態変数やメソッド	
Object	すべてのオブジェクトの基になるオブジェクト	
Function	関数をオブジェクトとして扱うためのもの	
RegExp	正規表現に関するもの	

この表を見ても分かるように、JavaScriptではあらゆるものがオブジェクトとして取り扱われます。

先に学習した配列も組み込みオブジェクトです。配列要素の数を調べるのに使った、配列名.lengthは、Arrayオブジェクトの状態変数なのです。MathとDateは、「12.6 DateオブジェクトとMathオブジェクト」に、使用例があります。

そして、画面サイズを表示する例題で使ったscreenやdocumentも、メソッドや状態変数を持つオブジェクトです。これらのオブジェクトはJavaScriptとは独立したものですが、JavaScriptと関連が深く、よく使うオブジェクトです。後の「13.2 Document Object Model (DOM)」で、もう少し詳しく説明します。

12.3 プロパティの参照と更新

オブジェクトのプロパティ（状態変数やメソッド）を参照するときは、「オブジェクト名.プロパティ名」のようにピリオドでつないで書きます。

```
Object1.value1
```

状態変数に値を代入するのは、普通の変数と同じです。

```
screen.width = 700
```

オブジェクトの状態変数に別なオブジェクトを持つこともできます。次の例を見てください。

```
Object1.Object2.value1 = "new value"
```

この例では、Object1というオブジェクトの状態変数としてObject2が保持されていて、そのObject2の状態変数のvalue1に"new value"という値を代入しています。

メソッドの参照も状態変数と同じですが、「オブジェクト名.メソッド名()」のようにメソッド名の後に"()"をつけます。しばしば目にするdocument.write()はHTML文書を表すオブジェクトdocumentのメソッドです。documentオブジェクトは、「13.2 Document Object Model（DOM）」で説明します。

Object1のメソッドmethod1を呼び出すなら、次のようになります。

```
Object1.method1()
```

次に示すのはMathオブジェクトの使用例です。Mathは標準で組み込まれているオブジェクトで、数学関数や定数が多数定義されています。次のように使います。

```
Math.abs( x )      //Mathオブジェクトのabsメソッドを呼び出し、xの絶対値を求める
alert( Math.PI ) //Mathオブジェクトに定義されている定数PIの値を表示する
```

実際によく使う例を示します。

```
document.getElementById("movieTitle").innerHTML="Charade";
```

一見したところは複雑に見えますが、左から順に読みます。まず、documentというオブジェクトのメソッドgetElementByIdを呼び出しています。引数は"movieTitle"です。

そのあとにピリオドがあることから、getElementById()はオブジェクトを戻すメソッドであり、そのオブジェクトのinnerHTMLという状態変数に"Charade"を代入していると解釈できます。

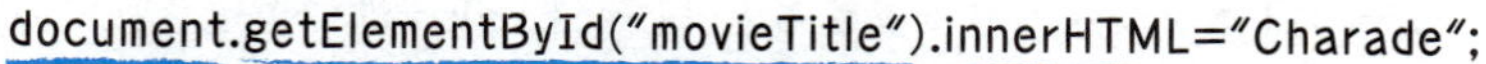

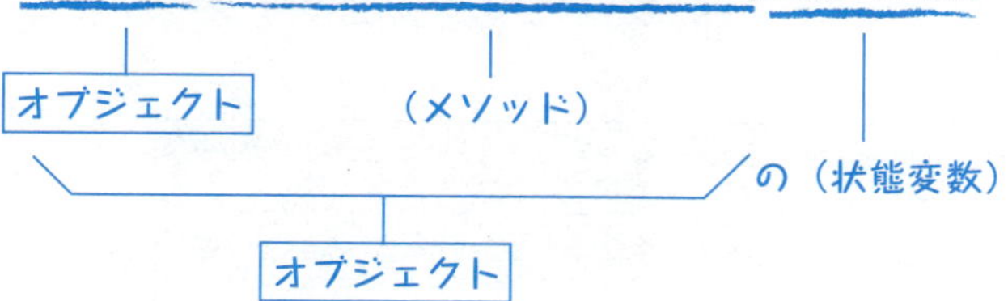

つまり、HTML文書の中からidが"movieTitle"であるオブジェクトを見つけ出し、その要素の内容を"Charade"に変更しています。document.write()メソッドはページ全体が書き換わりますが、innerHTMLを使うと特定の要素の内容だけを書き換えることができます。

次の例題で、documentオブジェクトの内容を読み書きする練習をします。

例題 12-1

次の関数showMsg()では、prompt()を用いてメッセージを受け取り、id名が"msgout"の要素の内容を受け取ったメッセージで書き換えます。関数の中を書きなさい。

```
function showMsg() {
  //  メッセージを受け取る
  //  msgoutの内容を書き換える
}
```

上の例で示したdocumentオブジェクトのgetElementById()メソッドを使います。このメソッドが返すオブジェクトのinnerHTMLという状態変数を書き換えます。オブジェクトの取り扱いに慣れてください。

解答例

▶ ex12-1.html

```
<!DOCTYPE html>
<html>
<head>
  <meta charset="UTF-8">
  <title>Workbench</title>
  <script>
  function showMsg() {
    var msg = prompt( "メッセージをどうぞ", "" );
    document.getElementById("msgout").innerHTML = msg;
  }
  </script>
</head>
<body>
<p>getElementById()を使ってみる</p>
<button type="button" onclick="showMsg()">メッセージを表示する</button>
<p id="msgout">この部分の内容を書き換える</p>
</body>
</html>
```

［メッセージを表示する］ボタンをクリックすると、onclick属性で指定されているshowMsg()関数が呼び出されます。

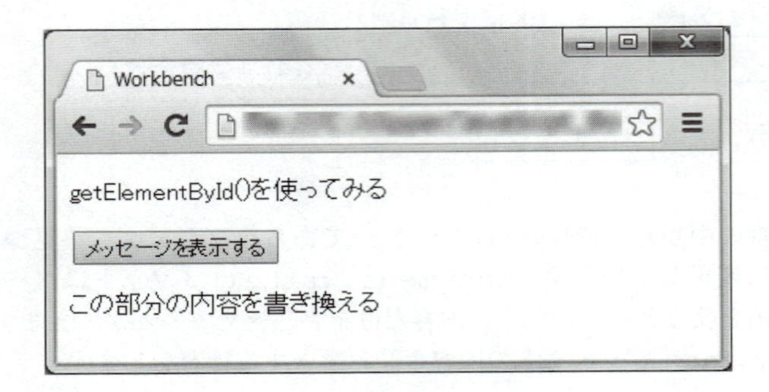

showMsg関数はpromptボックスを表示して、受け取った値をいったん、変数msgに保存します。次に、getElementById関数を用いてidが"msgout"である要素を見つけて、その内容を変数msgの値で書き換えています。

もう1つ、次のようなページでオブジェクトの読み書きの練習をしましょう。

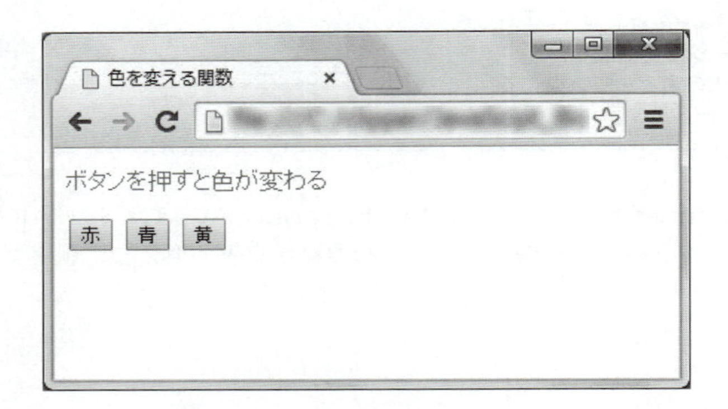

色の情報を保持しているのは、そのオブジェクトが持つstyleオブジェクトのcolorプロパティです。

例題 12-2

次の関数chgColor()は、文字列の色を引数で指定された色に変更します。

文字列はid名が"id1"のp要素に書かれているので、そのオブジェクトを見つけて色の状態変数を更新する部分を書きなさい。

```
function chgColor( colname ) {
  //  色を変更する
}
```

documentオブジェクトのgetElementById()メソッドを使って、idが"id1"の要素を調べ、返されたオブジェクトのstyleオブジェクトが持つ状態変数colorを更新します。

各ボタンのonclickでchgColor()を呼び出すようにします。プログラムの全体は次のようになります。

▶ex12-2.html

```
<!DOCTYPE html>
<html>
<head>
  <meta charset="UTF-8">
  <title>色を変える関数</title>
</head>
<body>
  <p id="id1" style="color:gray">ボタンを押すと色が変わる</p>
  <script>
  function chgColor( colname ) {
    document.getElementById("id1").style.color = colname;
  }
  </script>
  <button type="button" onclick="chgColor( 'red' )">赤</button>
  <button type="button" onclick="chgColor( 'blue' )">青</button>
  <button type="button" onclick="chgColor( 'yellow' )">黄</button>
</body>
</html>
```

ボタンを押すと、文字列がそのボタン名の色に変わりますね？

先の2つの例題ではinnerHTMLやstyle.colorを更新しましたが、次の例題ではこれらの値を表示してみましょう。

例題 12-3

次のようにして、確かめなさい。
ex12-2.htmlに次のコードを追加しなさい。

(1) 次のコードを追加してもう1つボタンを作ります。

```
<button type="button" onclick="getProp()">プロパティ表示</button>
```

(2) </script>の上に、次のgetProp関数を書きなさい。

```
function getProp() {
   var elm = document.getElementById("id1");
   alert( elm.innerHTML );
}
```

これは、idが"id1"のオブジェクトをelmに保存し、そのinnerHTMLプロパティをalert表示する指示です。

(3) getProp関数にstyle.colorプロパティもalert表示するコードを追加しなさい。

ファイルを保存したら、プログラムの動作を確認しなさい。色のボタンを押したあと、[プロパティ表示] ボタンを押して、style.colorが更新されていることを確認しましょう。

12.4 オブジェクトを作る

オブジェクトを新しく定義するには、値を書き並べる方法(literal notation)とObject.create()というメソッドを使う方法があります。また、既存のオブジェクトから同じ構造のオブジェクトを作るときは、new演算子を用います。

【値を書き並べる方法】

値を書き並べてオブジェクトを作るには、次のように"{"と"}"で囲みます。同じように値を並べて配列を作るときと混乱しないでください。配列のときは"["と"]"を使います。

```
var truck = { weight:3000, power:300, speedUp:function(sec){メソッドの中身} };
```

weightやpowerは状態変数名、speedUpはメソッド名、secはspeedUpの引数です。

【Object.create () を用いる方法】

Object.create()を用いると、プロパティの内容がコピーされるのではなく、共有されます。

```
var truck2 = Object.create( truck1 );
```

このときは、prototypeの状態変数が共有されているので、truck2の値を書き換えるとtruck1の値も変化します。

【new演算子を用いる方法】

new演算子を用いると、既存のオブジェクトから新しく同じ構造を持つオブジェクトを作れます。new演算子を使うと実際にはそのオブジェクトのコンストラクタが呼び出されます。コンストラクタはprototypeという名前のプロパティとconstractというメソッドを内部に持つオブジェクトで、constractは、基になるオブジェクトのprototypeの内容をコピーして、新しいオブジェクトを作るメソッドです。

```
var truck2 = new truck1();
```

このとき、状態変数の値がコピーされているので、truck2の値を書き換えてもtruck1の値は変化しません。

すべてのオブジェクトの基になる"Object"という名前のオブジェクトにnew演算子を使うと、上のliteral notationの例と同じことが次のように書けます。

```
var truck = new Object();
truck.weight = 3000;
truck.power = 300;
truck.speedUp = function(sec) {
  メソッドの中身
}
```

状態変数の値だけが異なるオブジェクトを作りたいときには、コンストラクタ・メソッドを用意します。たとえば、weightとpowerだけを変えていろんな車種のオブジェクトを作るなら、次のようなメソッドを用意します。

```
コンストラクタとなるメソッド
function Car( weight, power ) {
  this.weight = weight;
  this.power = power;
  :
  this.speedUp = function(sec) {
    :
  }
}
```

これを使うと、次のように簡単にいくつでもオブジェクトを作れます。

```
var truck = new Car( 3000, 300 );
var auto = new Car( 1000, 180 );
```

なおthisは、処理対象とするオブジェクト(ここでは新しく作るオブジェクト)を参照します。

NOTE 配列とオブジェクト

オブジェクトのプロパティ名が整数値に変換できるときは、そのプロパティ名を配列の要素番号、プロパティ値を要素値として取り扱うことができる仕組みになっています。整数に変換できないプロパティ名を持つ配列は連想配列(Associative array)と呼ばれていますが、どちらも同じものです。
プロパティは、配列要素のように読み書きできます。

```
var obj1 = { 0:100, 1:200, 2:300, abc:500 }
alert( obj1[0] );
alert( obj1[1] );
alert( obj1[2] );
alert( obj1.abc );
```

12.5 for-in文（繰り返し文）

for-in文は、オブジェクトに含まれるプロパティの名前を1つずつ取り出して繰り返す文です。

▶形式　　　for(変数名 in オブジェクト名) 文

- 指定したオブジェクトに含まれるプロパティの名前を1つずつ指定された変数に与えてから、文を実行します。文が複数あるときは"{"と"}"で囲んでブロックにします。
- 配列にはfor-inを使わず、for文で要素番号の順に繰り返します。配列にfor-inを使った場合、配列要素番号の昇順に繰り返されるとは限らず、プロパティの名称が整数値でないものも繰り返しの対象になるので注意してください。
- プロパティのenumerableという属性値をfalseにしておくと、そのプロパティはfor-in文でスキップされます。enumerableは「列挙できる」という意味です。

次の例題では、オブジェクトを定義し、そのプロパティ名とその内容を表示します。

例題 12-4

身長、体重、年令の状態変数と値を書き並べる方法でオブジェクトbodyShapeを定義し、そのプロパティをfor-inを使って表示しなさい。

オブジェクト定義にはいくつかの方法がありましたが、ここでは値を書き並べる方法を使います。身長の値を170.5cm、体重を62.5kg、年令を18歳とすると、次のようにしてオブジェクトを定義できます。

```
var bodyShape = { height:170.5, weight:62.5, age:18 };
```

このbodyShapeについて、for-inを使う例を示します。

```
var pname;
for( pname in bodyShape ) {
  alert( pname );                 //pnameにはプロパティ名が順に与えられます
  alert( bodyShape[pname] );   //配列と同じ形で、プロパティの値を参照できます
}
```

bodyShapeオブジェクトのプロパティ名を1つずつ変数pnameに受け取り、それを使って値を参照しています。配列と同じようにbodyShape[pname]と書いてプロパティの内容を参照できます（前述の「NOTE 配列とオブジェクト」を参照）。

プログラム全体を示します。

▶ ex12-4.html

```
<!DOCTYPE html>
<html>
<head>
  <meta charset="UTF-8">
  <title>WorkBench</title>
</head>
<body>
 <script>
  function makeObj( ) {
    var bodyShape = { height:170.5, weight:62.5, age:18 };
    var pname;
    for( pname in bodyShape ) {
      alert( pname );
      alert( bodyShape[pname] );
    }
  }
  </script>
  <p>オブジェクトを定義してプロパティを表示する</p>
  <button type="button" onclick="makeObj()">ボタンを押してください</button>
</body>
</html>
```

ボタンを押すと、height, 170.5, weight, 62.5, age, 18 が、順に表示されますね。

ところで、変数のvar宣言をinの前に置く書き方があります。

```
for( var pname in bodyShape ) { 繰り返しの中身 }
```

この例でのpnameのようにプロパティ名を受け取るための変数が必要になったとき、わざわざ先頭に戻って宣言してくるのが面倒なので、このように書くことがあります。この場合、他のプログラミング言語では宣言した変数がこのfor-in文の中だけの変数として取り扱われることが多いのですが、JavaScriptでは特別な取り扱いをしません。変数の有効範囲については、次のNOTEを見てください。

NOTE JavaScriptでのスコープ

スコープは視野のことで、多数の変数や関数のうち、「どれが見えて、どれが見えないか」を決めるものです。JavaScriptでは関数だけがスコープを作ります。

ですから、関数内で宣言された変数は、それが関数内のどこであろうと、その関数の中だけで有効であり、関数の外に影響しません。もちろん、関数の外で宣言されたグローバル変数は、関数内から参照したり更新したりできます。要するに、関数の中から外は見えるけど、外から中は見えないのです。

オブジェクトのプロパティは容器のことで、状態変数やメソッドが保持できると説明しましたが、for-inではプロパティ名を列挙するので、その中には状態変数だけでなくメソッドの名前も含まれます。次の例題で、そのことを確かめましょう。

例題 12-5

documentオブジェクトに含まれるプロパティ名をfor-inで表示しなさい。

console.log()を使用しますから、結果はコンソールに表示されます(「10.3 デバッグ・ツール」の「コンソール・ウィンドウ」参照)。

▶ ex12-5.html

```
<!DOCTYPE html>
<html>
<head>
  <meta charset="UTF-8">
  <title>WorkBench</title>
</head>
<body>
  <script>
  var pname;
  for( pname in document ) {
    console.log( pname );
  }
  </script>
</body>
</html>
```

多数のプロパティ名が表示されますが、その中にwrite、つまりdocument.write()が含まれています。

12.6 DateオブジェクトとMathオブジェクト

日付に関するDataオブジェクトと、数学関連のMathオブジェクトを簡単に紹介し、オブジェクトの使用例を示します。

● Dateオブジェクトのメソッド

Dateオブジェクトのメソッドは、多数用意されています。その中から、いくつかを紹介します。

メソッド	
getTime()	1970年1月1日0時0分0秒(UTC)からの経過秒数(ミリ秒)
getFullYear()	西暦年を4ケタで返す
getMonth()	月を0～11で返す(0が1月)
getDate()	日付を1～31で返す
getDay()	曜日を0～6で返す(0が日曜日)

＜使用例＞

2020/07/24の東京オリンピック開会式の曜日を求めて、表示する例です。

```
曜日を求める関数
function getYoubi( yy, mm, dd ) {
  var ybstr = [ "日", "月", "火", "水", "木", "金", "土" ];
  var dt = new Date( yy, mm-1, dd );
  return ybstr[dt.getDay()];
}

呼び出し例
var youbi = getYoubi( 2020, 7, 24 );
alert( "東京オリンピックの開会式は" + youbi + "曜日です" );
```

new Date()でDateオブジェクトのコンストラクタが呼び出されます。Date()にはいろいろな引数の指定方法がありますが、ここでは年月日を指定してDateオブジェクトを生成しています。月は1月の0から12月の11で指定するので、1を引いてから渡します。曜日はgetDayメソッドで求めることができますが、これも日曜日なら0、土曜日なら6という具合なので、得られた値を文字列の配列の要素番号に使って漢字に置き換えています。結果は次のようになります。

```
東京オリンピックの開会式は金曜日です
```

次の例では、指定の日付からn日後の日付を求めます。

```
n日後の日付を求める関数
function getNdayAfter( yy, mm, dd, n ) {
  var dt1 = new Date( yy, mm-1, dd );
  var msc = dt1.getTime() + n*24*60*60*1000;
  var dt2 = new Date( msc );
  return dt2.getFullYear() + "/" + (dt2.getMonth()+1) +
                           "/" + dt2.getDate();
}

呼び出し例
var daystr = getNdayAfter( 2020, 7, 24, -1000  );
alert( "東京オリンピック開会式の1000日前は" + daystr );
```

getTimeメソッドを呼び出して、ミリ秒に変換します。それにn日分のミリ秒を加算したDateオブジェクトを作成し、そのgetFullYear、getMonth、getDateの各メソッドを使って、年/月/日を求めています。

getMonth()は0～11を返すので、1～12月にするには+1して使います。なお、+1が文字列として連結されてしまわないように、式を()で囲んでいます。結果は次のようになります。

```
東京オリンピック開会式の1000日前は2017/10/28
```

● Mathオブジェクト

Mathオブジェクトの状態変数は、値を変更できない定数の扱いです。下の使用例で値を表示します。

状態変数	
PI	π（円周率）
E	e(自然対数の底)
LN10	10の自然対数の値
SQRT1_2	1/2の平方根
SQRT2	2の平方根
メソッド	
abs(x)	xの絶対値を返す
round(x)	xの小数点以下を四捨五入した整数値を返す
ceil(x)	xの小数点以下を切り上げした整数値を返す
floor(x)	xの小数点以下を切り捨てした整数値を返す
max(x,y,z,…)	各引数で一番大きいものを返す
min(x,y,z,…)	各引数で一番小さいものを返す
random()	0以上1未満の乱数を生成する
sin(x)	sin x
cos(x)	cos x
tan(x)	tan x
sqrt(x)	xの平方根
pow(x,y)	xのy乗
exp(x)	eのx乗
log(x)	自然対数。常用対数はLN10で割って求める

＜使用例＞

円の面積を求めて、四捨五入した結果を表示します。

```
円の面積を求める関数
function getCarea( r ) {
  return r * r * Math.PI;
}
呼び出し例
  var r = 20;
  var area = getCarea( r );
  alert( "半径" + r + "の円の面積 = " + area );
  alert( "四捨五入すると " + Math.round(area) );
```

Mathを使うときは、オブジェクトを生成せずに、Math.状態変数名、Math.メソッド名()のように使います。結果は、次のようになります。

```
半径20の円の面積 = 1256.6370614359173
四捨五入すると 1257
```

状態変数の値を表示します。

```
var value = "";
value += "Math.PI = " + Math.PI + "<br>";
value += "Math.E = "  + Math.E + "<br>";
value += "Math.LN10 = " + Math.LN10 + "<br>";
value += "Math.SQRT1_2 = " + Math.SQRT1_2 + "<br>";
value += "Math.SQRT2 = " + Math.SQRT2 + "<br>";
document.write( value );
```

結果は次のようになります。

```
Math.PI = 3.141592653589793
Math.E = 2.718281828459045
Math.LN10 = 2.302585092994046
Math.SQRT1_2 = 0.7071067811865476
Math.SQRT2 = 1.4142135623730951
```

13 オブジェクト・モデル

JavaScriptはブラウザ上で動作するので、しばしばその動作環境であるブラウザとのやり取りが必要になります。やり取りとは、オブジェクトを使ってブラウザが保持している情報を読み込んだり、書き変えたりすることです。そのとき「どこにどんなメソッドやHTML文書に関する情報があるか」を示すものが必要になりますが、その役割を果たすのが本章で説明するオブジェクト・モデル*9です。

ここでは、ブラウザに関するオブジェクト・モデルと、HTML文書に関するオブジェクト・モデルを説明します。なお、これらのオブジェクト・モデルはJavaScriptというプログラミング言語の一部ではありません。

● Browser Object Model(BOM)

ブラウザの情報に関するオブジェクト・モデルはBrowser Object Model (BOM) です。しかし、このオブジェクト・モデルには、細部にブラウザによる違いがあります。そのためプログラムは、ブラウザの種類を調べて対応しなければならないことがあります。ブラウザによってWebページの見え方が違ったり、JavaScriptプログラムの動作が違ったりすることに起因する問題は、クロス・ブラウザ問題(cross-brower issues)と呼ばれています。

● Document Object Model(DOM)

Document Object Model (DOM) は、HTMLなどで書かれた文書を表すオブジェクト・モデルで、W3C (World Wide Web Consortium) により規格化されたものです。DOMはCore、XML DOM、HTML DOMから構成されていますが、JavaScriptで用いるのはHTML文書を表すHTML DOMです。

● jQuery

jQueryはJavaScriptから呼び出して使うメソッドを集めたもの(ライブラリ)で、jQueryを使うと、DOMに基づいてHTML文書を簡単に操作できます。また、jQueryは主なブラウザで同じ動作をするように配慮されているので、クロス・ブラウザ問題を回避することができます。

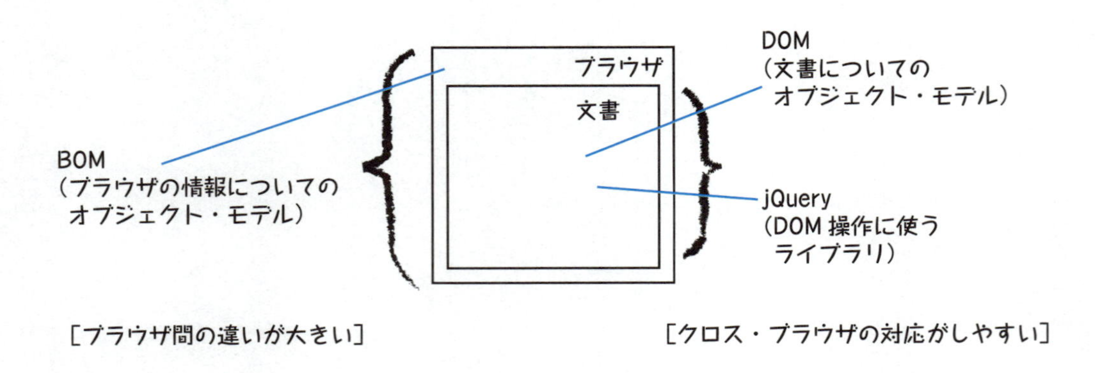

*9　オブジェクト・モデルという言葉で、プログラミング言語におけるオブジェクトの取り扱い方の概念を指すこともありますが、それとは別なものです。

13.1 Browser Object Model(BOM)

BOMは、windowという名前のオブジェクトを起点とする階層構造を持っています。windowの直下には、いくつかの下位オブジェクトがありますが、主なものを次に示します。

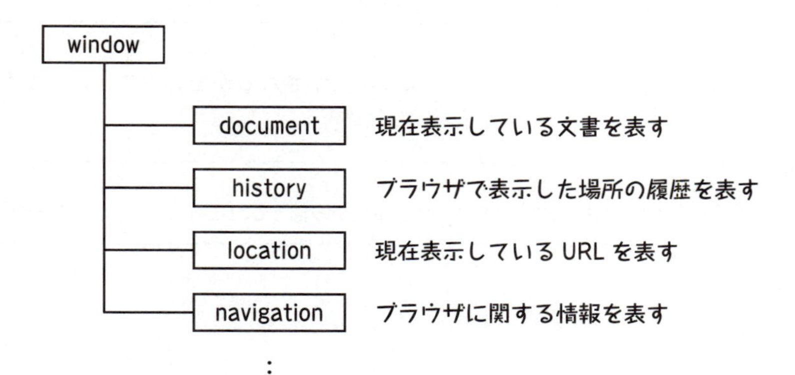

window直下のオブジェクトは"window.document"のように書きますが、このとき"window."の部分を省略できます。

例） `window.document` ⇒ `document`
　　 `window.navigator` ⇒ `navigator`

BOMの状態変数やメソッドの主なものを次に示します。

window		
`window.innerHeight`	状態変数	ウィンドウ内部の高さ
`window.innerWidth`	状態変数	ウィンドウ内部の幅
`window.alert()`	メソッド	alertボックスにメッセージを表示する
`window.open()`	メソッド	ウィンドウをオープンする
`window.close()`	メソッド	ウィンドウをクローズする
window.history		
`history.back()`	メソッド	これまで表示した履歴の１つ前のURLに戻る
`history forward()`	メソッド	これまで表示した履歴の次のURLに進む
window.location		
`location.href`	状態変数	ページのURL
`location.pathname`	状態変数	URLのパス名
`location.protocol`	状態変数	URLのプロトコル(http:やhttps:やfile:)

window.navigator		
navigator.appCodeName	状態変数	ブラウザのコードネーム
navigator.appName	状態変数	ブラウザ名
navigator.appVersion	状態変数	ブラウザのバージョン情報

次の例題13-1で、表示中のページのURLがどのように表示されるかを見ることにします。

例題 13-1

locationオブジェクトの状態変数hrefとprotocolの値をconsole.log()で表示しなさい。

▶ ex13-1.html

```
<!DOCTYPE html>
<html>
<head>
  <meta charset="UTF-8">
  <title>Workbench</title>
</head>
<body>
  <script>
  console.log( location.href );
  console.log( location.protocol );
  </script>
</body>
</html>
```

locationオブジェクトでは、表示中のページのURLに関する情報が表示されましたね。状態変数は参照するだけでなく、代入により変更することができます。たとえば次のように書くと、指定したURLのページを表示することができます。

```
<button onclick="location.href='ex12-1.html'">別のページへ移動する</
button>
```

次の例題13-2では、navigatorオブジェクトの情報を見ることにします。

例題 13-2

navigatorオブジェクトの状態変数appCodeName、appName、appVersionの値をconsole.log()で表示しなさい。

▶ ex13-2.html

```
<!DOCTYPE html>
<html>
<head>
```

```
    <meta charset="UTF-8">
    <title>Workbench</title>
  </head>
  <body>
    <script>
    console.log( navigator.appName );
    console.log( navigator.appVersion );
    console.log( navigator.appCodeName );
    </script>
  </body>
  </html>
```

表示される内容に疑問を感じた方が多いと思います。いろいろな経緯があって、ブラウザの識別情報が整理されていないのです。このように、navigatorオブジェクトを参照してブラウザの種類や版を判断するのが容易でないので、先に説明したクロス・ブラウザの問題への対処をそれに頼るのは現実的でありません。しかし、次のDOMが1つの解決策となります。

13.2 Document Object Model(DOM)

ブラウザに表示しているHTML文書を表すオブジェクトwindows.documentは、HTML DOMに従っています。すでに述べたように"window."の部分は省略できるので、以下ではdocumentとします。

DOMを用いることで、HTML文書を階層構造を持つオブジェクトとしてJavaScriptから取り扱えるようになります。つまり、表示しているHTML文書に含まれるすべてのHTML要素の、内容、属性、CSSスタイルを調べたり、書き換えたり、HTML要素を削除したり、新しく追加することもできます。さらに、マウスやキーボードの操作に対応することもできるのです。次に簡単な例をいくつか示します。

● 内容を書き換える

内容を書き換えようとするHTML要素を見つけるにはdocument.getElementByIdというメソッドを使います。このメソッドは名前の通りid属性の値を指定してHTML要素を特定します。そして取り出したHTML要素の内容は、innerHTMLという状態変数の値として参照したり、書き換えたりできます。次の例で確認してください。

getElementById()とinnerHTMLを使った例は、「12.3　プロパティの参照と更新」のところでも学習しましたが、これらはDOMを使ったアクセスだったのです。

▶ ex13-3.html

```
  <!DOCTYPE html>
  <html>
  <head>
    <meta charset="UTF-8">
    <title>Workbench</title>
  </head>
  <body>
    <p id="p1">書き換え前です。</p>
    <script>
    function chgStr() {
      document.getElementById("p1").innerHTML = "書き換えました。";
    }
```

```
  function addStr() {
    document.getElementById("p1").innerHTML += "書き加えました。";
  }
</script>
<button type="button" onclick="chgStr()">書き換え</button>
<button type="button" onclick="addStr()">追加</button>
</script>
</body>
</html>
```

● スタイルを変更する

次のプログラムは、スタイルのcolor状態変数を変更しています。

▶ex13-4.html

```
<!DOCTYPE html>
<html>
<head>
  <meta charset="UTF-8">
  <title>Workbench</title>
  <script>
  function changeColor() {
    document.getElementById("p1").style.color = "red";
  }
  </script>
</head>
<body>
  <p id="p1" style="color:green">この文字の色が変わります。</p>
  <button type="button" onclick="changeColor()">赤にする</button>
</body>
</html>
```

このプログラム例では、changeColor()という関数を作っておいて、ボタンを押したときにそれを呼び出しています。style.colorのcolorのところには、CSSのいろんな状態変数を指定できます。ただし状態変数名がハイフンを含むときは、たとえばtext-alignがtextAlignのようになります。キャメルケースという書き方です。覚えていますか？

● イベントに対応する

イベントは「できごと」のことです。上の例で使ったonclickは「その要素をクリックした」というできごとで、そのときにchangeColorという関数を呼び出しなさいという指定をしました。そのほかに、ブラウザの動作に関するイベント、キーボード、マウスの動きに関するイベント、フォームの入力に関するイベントなど多くのイベントを検出できます。

次の例は、「マウスカーソルが上に載ったとき（onmouseover）」と、「クリックしたとき（onclick）」というイベントを検出したときのアクションを指定しています。

▶ex13-5.html

```
<!DOCTYPE html>
<html>
```

```
<head>
  <meta charset="UTF-8">
  <title>Workbench</title>
  <script>
  function func1() {
    document.getElementById("p1").innerHTML = "マウス・オーバー";
  }
  function func2() {
    document.getElementById("p1").innerHTML = "クリック";
  }
  </script>
</head>
<body>
  <p id="p1" onmouseover="func1()" onclick="func2()">マウスイベントが表示さ
れます。</p>
</body>
</html>
```

● 要素の追加と削除

次の例は、p要素を追加したり、削除したりしています。

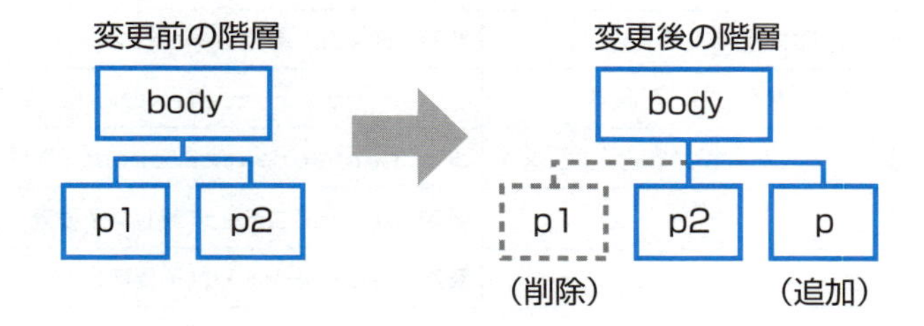

追加するときは、いったんtextNodeに文字列を入れてから、そのtextNodeをメソッドappendChild()を用いてp要素の下に追加し、さらにそのp要素をbody要素に追加しています。

削除は親要素（この例ではbody）に対してremoveChild()を用います。

▶ ex13-6.html

```
<!DOCTYPE html>
<html>
<head>
  <meta charset="UTF-8">
  <title>Workbench</title>
  <script>
  function addmore() {
    with( document ) {
      alert( "要素を追加します" );
      var tnd = createTextNode("段落その3");
      var pel = createElement("p").appendChild(tnd);
      body.appendChild(pel);
      alert( "要素を削除します" );
      body.removeChild(getElementById("p1"));
```

```
      }
    }
    </script>
  </head>
  <body id="body" onload="addmore()">
    <p id="p1">段落その1</p>
    <p id="p2">段落その2</p>
  </body>
  </html>
```

with(document)は、それに続く{…}内ではdocumentを対象にすることを指定するものです。これによって、document.createTextNode()は単にcreateTextNode()のようにオブジェクト名documentを省略できます。なお、"img"など、テキスト表示でない要素では、createTextNode()とappendChild()は不要です。

本節で使用したDOMの機能を整理します。

機能	使用するメソッドや状態変数
id名を持つ要素を返す	document.getElementById(id名)
要素の内容を書き換える	要素.innerHTML = XXX
要素のスタイルの属性を書き換える	要素.style.属性値 = XXX
指定のテキストでオブジェクトを作成して返す	document.createTextNode(文字列)
指定のタグの要素を作成し、オブジェクトとして返す	document.createElement(タグ名)
新しい子要素を追加する	要素.appendChild(新しい子要素)
子要素を削除する	要素.removeChild(子要素)

NOTE　HTML要素を見つけるためのメソッド

(1) document.getElementById()　　指定したidを持つ要素を見つける
(2) document.getElementsByClassName()　　指定したclassの要素を見つける
(3) document.getElementsByTagName()　　指定したタグ名の要素を見つける

(1)はこれまでに何度も使いました。
HTMLのセレクタのところで学習しましたが、idは特定の要素を識別するのに使い、classは複数の要素をまとめて指定するときに使います。ですから、(2)や(3)のメソッドで返される結果は、要素の配列となります。

```
//クラス名がclass1の要素をすべて返す
var elements = document.getElementsByClassName("class1");
//<p>タグの要素をすべて返す
var plsts = document.getElementsByTagName("p");
```

13.3 jQuery

● jQueryとは

jQueryはJavaScriptから呼び出して使うメソッドを集めたもの（ライブラリ）です。jQueryは主なブラウザで同じ動作をするように配慮されているので、クロス・ブラウザ問題を回避することができます。

jQueryを使うと、DOMに基づいて文書を操作したり、スタイルシート（CSS）の設定を変更する操作が簡単にできます。さらにマウスやキーボード操作を検知したり、フェード効果やアニメーション効果を設定したり、Webページ表示後にその内容をWebサーバから取り込んだ情報で書き換えるAjax機能を呼び出すなど、いろんなことができます。

● 入手

次の2つの方法があります。

(1) ダウンロードしてWebサーバに設置する方法

(2) CDN（Content Delivery Network）で配布されるファイルを参照する方法

CDNは、Webコンテンツを配布するためのネットワークサービスです。GoogleとMicrosoftのものがあって、どちらでも自由に使えます。以下では(2)の方法を使います。

CDNを使うには次の行をhead部に追加するだけです。

■ GoogleのCDNを使うとき

```
<script src
    ="http://ajax.googleapis.com/ajax/libs/jquery/1.11.0/jquery.min.js">
</script>
```

■ MicrosoftのCDNを使うとき

```
<script src=
    "http://ajax.aspnetcdn.com/ajax/jQuery/jquery-1.11.0.min.js">
</script>
```

jQueryはいくつもの版が提供されていますが、ここでは1.11.0版を使います。jQueryには、1.N版と2.N版の2系統のバージョン名が存在します。2.N版の方は、古いInternet Explorler（6、7、8）をサポート外として軽量化した版です。

● 使い方

基本形は「HTML要素を選ぶ部分と、それに対するメソッドを指示する部分」で構成されます。HTML要素を選ぶ部分をセレクタ（selector）と呼びます。

```
$(selector).method()
```

セレクタはCSSのセレクタと同様で、HTML文書や構成する個々の要素を自由に選択できます。いくつかの例を次に示します。

```
$("button").click() { … }                //"button"のclick時にする処理を指定する
$("id1").append("<span>END</span>");     //idが"id1"の要素の最後に引数の内容を追加する
$("class1").hide();                      //クラス名が"class1"の要素を非表示にする
```

3つの例は、上から順に次のような内容のメソッドです。

(1) イベントに関するメソッド

(2) HTML要素を操作するメソッド

(3) 表示に関するメソッド

DOMで操作をする上で、文書のreadyイベントが重要です。readyイベントは、HTML文書の構造がDOMを通じて利用可能になったときに起こります。セレクタは文書に含まれるHTML要素を選択するのですが、まだ読み込んでいない要素はセレクタで選択できません。ですから、文書のDOMが使えるようになってから実行するためにreadyイベントが必要なのです。

次に例を示します。documentがreadyになったらfunction(){…}を実行しなさいという意味です。なお、function(){…}は無名関数(anonymous functions)と呼びます。

```
$(document).ready(function(){
  DOMが使えるようになってからする仕事の内容
});
```

仕事の内容を書くことにしましょう。慣れるまでカッコの対応が分かりにくいのですが、字下げを参考にして、各自で確認してください。

```
$(document).ready( function() {
  $("a").click( function() {
    alert( "地図を表示します" );
  });
});
```

関数の処理の中身のところに「$("a").click(function(){ alert(…) });」を書きました。これは、セレクタでa要素を選択しています。clickメソッドでは、マウスでクリックしたときの仕事を指定します。つまり、a要素がクリックされたらalertメッセージ「地図を表示します」を出力しなさいという指示になります。

body部のa要素も書いて動かしてみましょう。

▶ ex13-7.html

```
<!DOCTYPE html>
<html>
<head>
  <meta charset="UTF-8">
  <title>Workbench</title>
  <script src
      ="http://ajax.googleapis.com/ajax/libs/jquery/1.11.0/jquery.min.js">
  </script>
  <script>
    $(document).ready( function() {
      $("a").click( function( event ) {
        alert( "地図を表示します" );
      });
```

```
    });
  </script>
</head>
<body>
  <a href="http://maps.google.com/">Google Mapsへ移動する</a>
</body>
</html>
```

● セレクタ

selectorの指定形式はCSSのセレクタ指定とほぼ同じです。上の例で用いた「$("a")」は、HTMLのa要素を意味しています。「$("button")」としてbutton要素を示すなど、同様に各要素を指定できます。

形式	例	対象
$("要素名")	$("a")	<a …>
$("#id")	$("#carrot")	<… id="carrot" …>
$(".class")	$(".vegie")	<… class="vegie" …>

HTML編の「4.5 セレクタ」で学習しましたが、1つの要素だけを選ぶときはidを、ある種類の要素を全部選ぶときは要素名を指定します。いくつかの要素をグループ化して選ぶなら、それらの要素に同じclass名を与えておいてclass名を指定します。このほかにも、いろんな形式のセレクタが豊富に用意されています。

● メソッド

上の例でも見たように、メソッドには次のようなものがあります。

(1) イベントに関するメソッド
　マウスやキーボード、ドキュメントやフォームによるイベントを検出したときの仕事を指定する
(2) HTML要素を操作するメソッド
　HTML要素の追加や削除をしたり、既存の要素の内容や属性を調べたり変更したりする
(3) 表示に関するメソッド
　要素の表示そのものの制御と、表示効果、CSSのクラスやスタイルを制御する

主なメソッドを次に示します。

イベントに関するメソッド	
マウス	click(), dblclick(), mouseenter(), mouseleave(), mousedown(), mouseup(), hover()
キーボード	keypress(), keydown(), keyup()
フォーム	submit(), change(), focus(), blur()
文書	ready(), resize(), scroll()

HTML要素を操作するメソッド	
追加と削除	append(), prepend(), after(), before(), remove(), empty()
内容の参照と変更	text(), html(), val()
属性の参照と変更	attr()

表示に関するメソッド	
表示と非表示	show(), hide(), toggle()
表示効果	fadein(), fadeout(), fadetoggle(), fadeto(), slideup(), slidedown(), slidetoggle(), animate()
CSS	addClass(), removeClass(), toggleClass(), css()

NOTE Ajax (Asynchronous JavaScript and XML)

Ajaxはエィジャックスと読みます。Webページの内容を変更したいとき、普通ならページ全体を読み直す必要がありますが、Ajaxを使うと何らかのイベントをきっかけにして裏で(バックグラウンドで)サーバにデータを要求し、その結果を使ってページの一部だけを更新できます。更新はJavaScriptからDOMを用いて内容やCSSを操作します。
jQueryにもAjax関連の機能がひと通り用意されています。たとえば、ページの内容を更新するにはload()というメソッドを使います。

14 その他の話題

14.1 Webストレージ

● Webストレージとは

Webストレージ*10は、ブラウザの管理の下にデータを保存する仕組みです。データの保存や参照、削除はJavaScriptで行います。Webサイトから送り込まれたJavaScriptのプログラムがデータを操作できるので、PCのデータが書き換えられたり、盗まれたりしないようブラウザの管理下に置かれています。

Webストレージは、ショッピングカートや訪問者の嗜好を記録するなど、サイト閲覧に関する情報の保存によく使われます。その種の目的には、これまでcookie（クッキー）という仕組みが用いられてきましたが、Webストレージは次のような問題点が改善されています。

まず、安全性の面ではSame-Origin policyといって、書いたのと同じサイトでなければデータを読むことができなくなりました。cookieにはそのような制約がないので、あるショッピングサイトで見た商品の宣伝が、全く別なサイトのWebページに表示されることがよくありました。使える容量は5MBまでですが、cookieは5KB程度だったので、1000倍になっています。

Webストレージには、次の2種類があります。

sessionStorage (セションストレージ)	サイトとつながっている間だけデータが保持され、ブラウザのタブを閉じると消去されます。
localStorage (ローカルストレージ)	サイトとのやりとりを終了しても、データが保持されます。

● データの保存・参照・削除

Webストレージは、常にキーと値の組で保存されます。そして、キーも値も文字列です。読むときはキーを指定すると値が戻ります。localStorageに書くときには、次のようにします。

```
localStorage.setItem( "key", "value" );
たとえば
localStorage.setItem( "price", "3000" );
```

読むときは、キーを指定すると値が戻されます。

```
v = localStorage.getItem( "key" );
```

削除するときは、removeItemというメソッドを使います。このときもキーを指定します。

```
localStorage.removeItem( "key" );
```

*10　WebストレージはW3CによってHTML5の一部として標準化されましたが、その後独立した勧告となっています。

sessionStorageのときは、オブジェクトの名前がlocalStorageからsessionStorageに変わります。なお、Webストレージはブラウザの管理下にあるので、他のプログラムで使うことはできません。

14.2 canvas

グラフィック出力には、canvas要素を使います。canvasは、HTML5で追加されたグラフィックス出力領域で、JavaScriptプログラムで線、四角形、円などの図形や文字列を描くことができます。主なブラウザで使えますが、InternetExplorerの8以前のバージョンではサポートされていません。

▶canvas　　<canvas id=".." width=".." height="..">..内容..</canvas>

- id属性は、JavaScriptプログラムとのやり取りに使用します。なお、1つの画面に複数のcanvasを含めることもできます。
- canvasをサポートしていないブラウザはcanvasタグを無視するので、その場合だけ「..内容..」が表示されます。そのため、「canvasが使えない」ことを示すメッセージを書くことがあります。

canvasを使うときは、最初に次のようにして描画コンテキストを入手します。描画コンテキストは、描画出力先や描画方法を示す情報です。

```
var cvs = document.getElementById("CanvasId");
var ctx = cvs.getContext("2d");
```

この例では、"CanvasId"というid名を持つ要素を見つけて、getContext()メソッドを実行しています。getContext()の引数に指定しているのは描画出力を担当するプログラム（描画エンジン、レンダラー）の名前です。各ブラウザで使えるのは2次元出力の"2d"ですが、WebGLなど3次元の描画ができるものもあります。

以後は入手した描画コンテキストを使って描画します。描画域の座標系は、canvasの左上隅が原点で、右方向が＋x、下方向が＋y、座標の単位は画素（ピクセル）です。

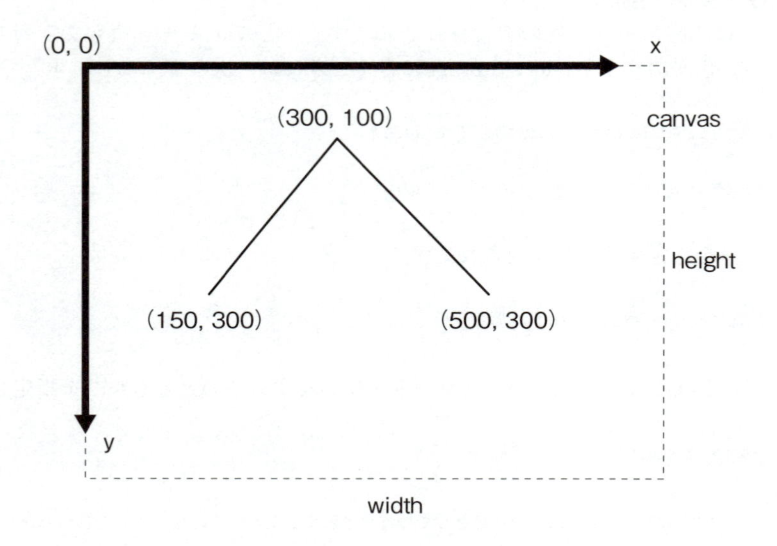

canvasに先の図の折れ線を描くときは、次のようにします

```
ctx.moveTo( 150, 300 );
ctx.lineTo( 300, 100 );
ctx.lineTo( 500, 300 );
ctx.stroke();
```

moveTo()は、線を描かずに(ペンアップで)指定された座標にペンを移動する命令です。lineTo()は、現在位置から線分を描きながら(ペンダウンで)指定された座標までペンを移動します。stroke()で、実際に描画出力が行われます。

座標値にcanvasの外の値を指定できますが、はみ出した部分は表示されません。図が表示されないときは、canvasの外に描いていないか調べてください。

描画命令の主なものを一覧にします。本書で使用しているものには※を付けました。

メソッド	機能	
beginPath()	現在のパスをクリアして、新たなパスを開始する パスは、描画する一連の線(サブパス)の集まりのこと	※
moveTo(x,y)	座標(x,y)に移動し、サブパスの開始点とする	※
lineTo(x,y)	直前の座標から指定された座標(x,y)まで、直線を引く	※
closePath()	パスの最初と最後の点を結んでパスを閉じる	
stroke()	現在のstrokeスタイルで、パスを線表示する	※
fill()	現在のfillスタイルで、パスを塗りつぶす	
rect(x,y,w,h)	(x,y)を左上とし、幅wで高さがhの四角形を描画する	
fillRect(x,y,w,h)	塗りつぶしの四角形を描画する	
clearRect(x,y,w,h)	四角形をクリアして、透明にくり抜く	※
strokeText(text,x,y[,maxW])	(x,y)に輪郭線の文字列を描画する 最大幅を指定するとそれに収まるように調整される	
fillText(text,x,y[,maxW])	(x,y)に塗りつぶしの文字列を描画する	※
状態変数	**機能**	
strokeStyle	線の色、グラデーション、パタンを変更する	※
fillStyle	塗りつぶしの色、グラデーション、パタンを変更する	
lineWidth	線の太さを変更する	
font	フォントのスタイル、サイズなどを変更する	

ほかにも多くの描画命令が用意されていて、円やイメージを出力したり、回転や拡大縮小などの変形をすることもできます。

例題 14-1

ex14-1.htmlのプログラムを入力して、前ページの例で示した折れ線を実際に描画しなさい。

canvasには背景色を指定しています。

▶ ex14-1.html

```
<!DOCTYPE html>
<html>
<head>
  <meta charset="UTF-8">
  <title>Workbench</title>
</head>
<body>
  <canvas id="CanvasId" width="600" height="400"
    style="background-color:yellow"></canvas>
  <script>
    var cvs = document.getElementById("CanvasId");
    var ctx = cvs.getContext("2d");

    ctx.moveTo( 150, 300 );
    ctx.lineTo( 300, 100 );
    ctx.lineTo( 500, 300 );
    ctx.stroke();
  </script>
</body>
</html>
```

例題 14-2

図形がcanvasをはみ出すとき、どんな風に表示されるか実験しなさい。
canvas内の座標は、xが0からwidth-1まで、yは0からheight-1までです。

例題 14-3

`moveTo()`や`lineTo()`を追加して、いろいろな折れ線を描画しなさい。
`moveTo()`と`lineTo()`の違いに注意して線分を描きなさい。

15 グラフィックスのプログラム

15.1 マウスの軌跡

「マウスが動いた跡を追いかけて線を描く」プログラムを作ります。プログラムは、マウスが動いたときにマウスカーソルの座標を入手し、lineTo()でその座標までの線分を描き足すという仕事を繰り返します。すると、マウスを追いかけて線を描くことになります。

マウスが動くと、"mousemove"というイベント(できごと)が起こります。そのときの仕事を指定しておくと、マウスが動くたびに、それを繰り返してくれます。その仕事を指定するには、addEventListener()というメソッドを使います。

```
addEventListener( type, listener );
```

typeはイベントの種類なので、"mousemove"を指定します。listenerには、イベントがあったときの仕事を指定します。描画コンテクストcvsのイベントを拾うなら、次のようになります。

```
cvs.addEventListener( "mousemove", function( evt ) { 処理の内容 } );
```

イベントの情報は、listenerに指定したfunctionの引数evtに含まれています。マウスカーソルの座標は、clientXとclientYです。この値を使って線分を追加すればよいのですが、注意することがあります。次の図を見てください。

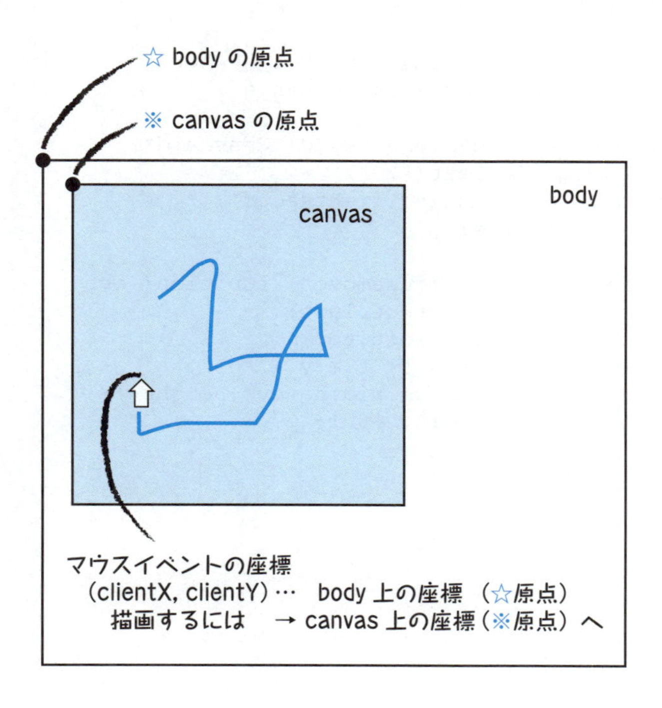

bodyはHTML文書のbody部を表示しているブラウザ上の領域です。図はcanvasがbody領域の中に配置された様子を示しています。(clientX, clientY)はbodyの座標ですが、描画出力はcanvasの座標で指定しなければなりません。getBoundingClientRect()というメソッドを使うと、キャンバスcvsの左上隅の位置がbody領域の座標で求められるので、これを用いて、キャンバスcvs上の座標値xとyを求めます。

```
var rect = cvs.getBoundingClientRect();

var x = evt.clientX - rect.left;
var y = evt.clientY - rect.top;
```

さらに、求めた(x, y)をキャンバスに表示するようにします。最初のctx.fontは、座標を表示する文字の大きさと書体を指定するものです。

```
ctx.font = "24px Arial";

var coord = "( " + x + ", " + y + " )";
ctx.clearRect( 0, 0, cvs.width, cvs.height );
ctx.fillText( coord, 10, 30 );
```

以上をまとめると次のようになります。

▶ex15-1.html

```
<!DOCTYPE html>
<html><head>
  <meta charset="UTF-8">
  <title>マウスの軌跡</title>
</head><body>
  <canvas id="CanvasId" width="600" height="600"
    style="background-color:aqua"></canvas>
  <script>
    var cvs = document.getElementById("CanvasId");
    var ctx = cvs.getContext("2d");
    var rect = cvs.getBoundingClientRect();
    ctx.font = "24px Arial";

    cvs.addEventListener( "mousemove", function( evt ) {
      var x = evt.clientX - rect.left;
      var y = evt.clientY - rect.top;
      var coord = "( " + x + ", " + y + " )";
      ctx.clearRect( 0, 0, cvs.width, cvs.height );
      ctx.fillText( coord, 10, 30 );

      ctx.lineTo( x, y )
      ctx.stroke();
    });
  </script>
</body></html>
```

15.2 ドラゴン曲線

ドラゴン曲線は再帰曲線の1つです。プログラミングの世界には、再帰呼び出しというテクニックがあって、これを用いて描くことができる図形を再帰曲線と呼びます。再帰呼び出しは、ある関数の中で自分自身を呼び出す仕組みです。何もせずに自分自身を呼び出すと無限ループになってしまいますが、一部の仕事を自分が担当し、残りを自分の分身にさせるという方法です。

なお、再帰曲線に似た概念にフラクタルがあります。フラクタルは数学の世界では、自己相似性を持つ図形の集合を指しますが、単純なルールを限りなく繰り返したときに複雑な上位構造が作り出されるところに面白さがあります。再帰曲線は再帰呼び出しを使って描画できるフラクタルです。

ドラゴン曲線は、テープを何度か2つ折りにしてから、折り目が90度になるように広げた形をしています。折り曲げた回数がドラゴン曲線の次数に当たります。下の写真は4次です。

下図の左側に示すように、次数が上がる(折り曲げる)と、直角二等辺三角形の斜辺が2つの等辺に置き換えられます。ただし、折り曲げを想像すると分かるように、進行方向の右と左に交互に膨らみます。

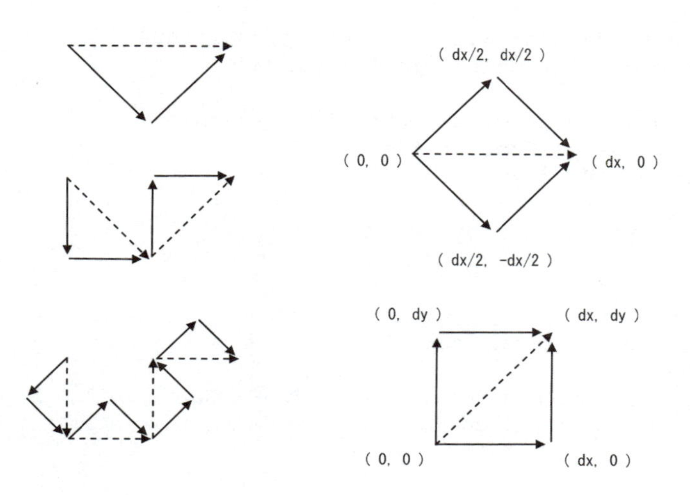

プログラムで作図するときは、斜辺の一方を原点に置き、他方をx軸上にとると処理が簡単になります。このとき、処理の過程も含めドラゴン曲線は常に、軸に平行か斜め45度の線分で構成されます。すると、上図の右側に示したように、追加する点の座標が計算できます。それらを整理すると、場合分けをせずに計算できる式が得られます。

さらに、再帰呼び出しを用いると、プログラムは驚くほどコンパクトになります。ドラゴン曲線を描画する関数dragonは、次数が0であれば(curx, cury)から(curx + dx, cury + dy)までの線分を出力します。そうでなければ、自分が受け取った線分を直角二等辺三角形の斜辺と見なして、2つの等辺それぞれについてdragon()を呼び出します。引数のsignは膨らむ方向を示します。

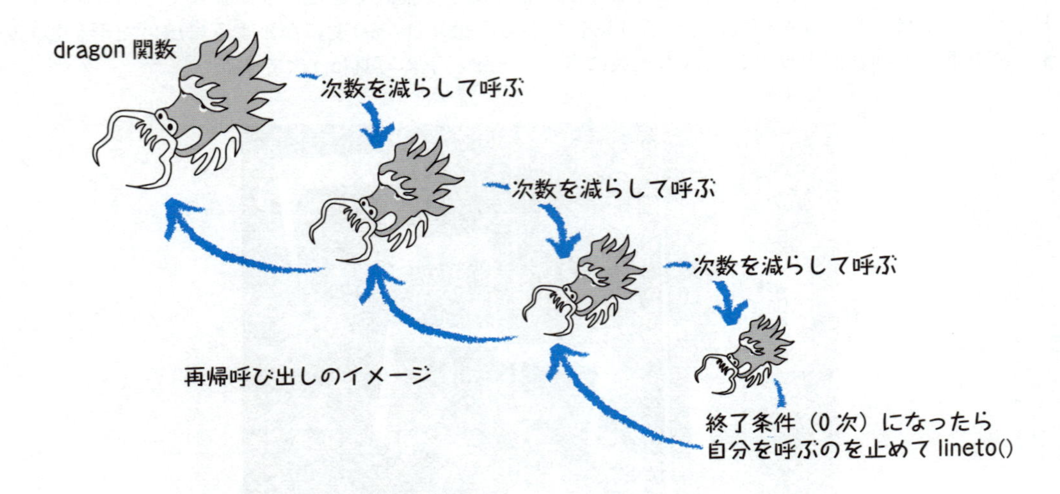

▶ ex15-2.html
```
<!DOCTYPE html>
<html><head>
  <meta charset="UTF-8">
  <title>ドラゴン曲線</title>
</head><body>
  <canvas id="CanvasId" width="1024" height="1024"
    style="border:1px solid gray"></canvas>
  <script>
    var cvs = document.getElementById("CanvasId");
    var ctx = cvs.getContext("2d");
    var curx = 300, cury = 300;

    function dragon( dx, dy, sign, ord ) {
      if( ord < 1 ) {
        curx += dx;
        cury += dy;
        ctx.lineTo( curx, cury );
      } else {
        dragon( ( dx - sign*dy )/2, ( dy + sign*dx )/2,  1, ord - 1 );
        dragon( ( dx + sign*dy )/2, ( dy - sign*dx )/2, -1, ord - 1 );
      }
    }
```

```
    ctx.moveTo( curx, cury );
    dragon( 500, 0, 1, 14 );
    ctx.stroke();
  </script>
</body></html>
```

このプログラムを実行すると、次の図が得られます。

関数dragon()の第4引数は、次数です。これを4にすると写真と同じ図が得られます。あまり次数を大きくすると、ブラウザやPCがハングアップするので注意してください。

ドラゴン曲線には、出発点の周りに90度、180度、270度回転したものが重ならずにピッタリ収まるという性質があります。簡単にできるので、これを確かめます。1つのドラゴン曲線を描くための前処理と後処理をまとめてdraw1()という関数を作りました。

▶ ex15-3.html

```
<!DOCTYPE html>
<html><head>
  <meta charset="UTF-8">
  <title>ドラゴン曲線</title>
</head><body>
  <canvas id="CanvasId"width="1024" height="1024"
      style="border:1px solid gray"></canvas>
  <script>
    var cvs = document.getElementById("CanvasId");
    var ctx = cvs.getContext("2d");
    var curx, cury;
```

```
    function dragon( dx, dy, sign, ord ) {
      if( ord < 1 ) {
        curx += dx;
        cury += dy;
        ctx.lineTo( curx, cury );
      } else {
        dragon( ( dx - sign*dy )/2, ( dy + sign*dx )/2,  1, ord - 1 );
        dragon( ( dx + sign*dy )/2, ( dy - sign*dx )/2, -1, ord - 1 );
      }
    }

    function draw1( x, y, ord, color ) {
      ctx.beginPath();
      ctx.strokeStyle = color;
      ctx.moveTo( curx = 512, cury = 512 );
      dragon( x, y, 1, ord );
      ctx.stroke();
    }

    //  -- Main --
    draw1(  500,    0, 18, "black" );
    draw1(    0,  500, 18, "red" );
    draw1( -500,    0, 18, "green" );
    draw1(    0, -500, 18, "blue" );
  </script>
</body></html>
```

draw1()では、1つのドラゴン曲線を描くごとに前のパスをクリアするため、最初にbeginPath()を呼び出しています(前掲の主な描画命令の表で紹介したメソッドです)。それに続くmoveTo()は、ペンをドラゴン曲線の描き始めた位置に戻すために必要です。グローバル変数への代入も一緒に済ませました。このプログラムを実行すると、次のような結果が得られます。

15.3 シェルピンスキーの三角形

「シェルピンスキーのガスケット」とか「シェルピンスキーのふるい」とも呼ばれます。この図形は、「三角形の各辺の中点を結んでできる小さな三角形をもとの三角形から打ち抜く」という操作を無限に繰り返すとできる図形です。

ここでは、作図しやすいように正三角形を使い、下図の左のような塗りつぶしは省略します。

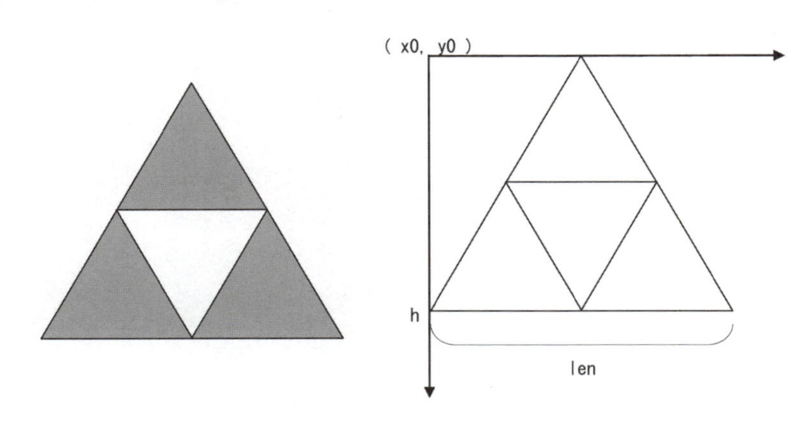

この図形を描画する関数drawTriangleは、正三角形を含む矩形の左上隅の座標 (x0, y0)と、一辺の長さlenを引数で受け取り、lenがある値より小さいときには三角形を描画します。そうでないとき

はその三角形に含まれる3つの三角形を描画するよう、drawTriangle()を呼び直します。

drawTriangle()の中でdrawTriangle()を呼び出すときには、常にlenが半分になっていくので、あるところで描画が実行されます。

▶ex15-4.html

```
<!DOCTYPE html>
<html><head>
  <meta charset="UTF-8">
  <title>シェルピンスキーの三角形</title>
</head><body>
  <canvas id="CanvasId"width="1024" height="1024"
      style="border:1px solid gray"></canvas>
  <script>
    var cvs = document.getElementById("CanvasId");
    var ctx = cvs.getContext("2d");
    var hgt = Math.sqrt( 3 )/2;

    function drawTriangle( x0, y0, len ) {
      if( len < 16 ) {
        ctx.moveTo( x0 + len/2, y0            );
        ctx.lineTo( x0        , y0 + hgt*len );
        ctx.lineTo( x0 + len  , y0 + hgt*len );
        ctx.lineTo( x0 + len/2, y0            );
        ctx.stroke();
      } else {
        len /= 2;
        drawTriangle( x0 + len/2, y0          , len );
        drawTriangle( x0        , y0 + hgt*len , len );
        drawTriangle( x0 + len  , y0 + hgt*len , len );
      }
    }

    drawTriangle( 0, 0, 1024 );
  </script>
</body></html>
```

このプログラムを実行すると、次の図が得られます。

15.4 アニメーション

アニメーションは少しずつ位置が異なる図や絵を次々に表示することで、動いているように見せる手法です。ここでは、リサジュー図形を使うアニメーションのプログラムを作ります。

リサジュー図形は、xとyの座標値が単振動をするときに得られる図形で、一般に次のような式を使ってxとy座標を決めます。ここで、tだけが変数です。

```
x = A*sin( a*t + p );
y = B*sin( b*t );
```

「ド」と「ソ」のような完全5度の音程にある2つの音は美しく調和することが、よく知られています。完全5度の音程では2つの音の周波数の比が2:3であり、調和する様子の説明として位相（上の式ではp）が0のsinカーブを重ね合わせた図が用いられます。

図形で表現すると

この和音がきれいに聞こえるのは
周波数が整数比になっているから…

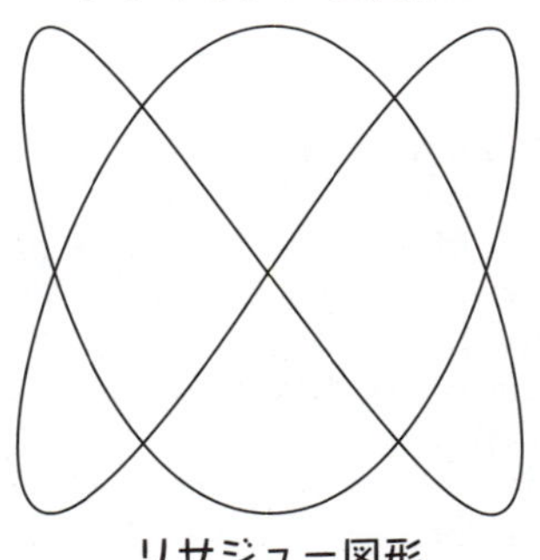

しかし、楽器から出る音の位相が揃っているとは考えられません。pがずれたらどうなるかをリサジュー図形で調べてみましょう。

まず、上の式のパラメータを決めることにします。2つの音の大きさを同じにすれば、AとBを1として省略できます。aとbは周波数の比に応じて2と3にします。このままでは、xとyが負の値をとるので、それぞれに1を加えてcanvasの外にはみ出さないようにしましょう。さらに、canvasに表示するための拡大倍率として300を掛けると次の式が得られます。

```
x = 300*( sin( 2*t + p ) + 1 );
y = 300*( sin( 3*t ) + 1 );
```

そのときのpの値を使って図を描く関数redrawを作っておいて、あとからpを少しずつ変化させるとアニメーション表示ができます。

関数redrawは、上の式でtを0から2πまで変化させてリサジュー図形を作図します。πやsin()はMathというオブジェクトに含まれています。

```
    function redraw() {
      var x, y, t, deg = Math.PI/180;

      ctx.clearRect( 0, 0, cvs.width, cvs.height );
      ctx.beginPath();
      for( t = 0; t < Math.PI*2; t += deg ) {
        x = 300*( Math.sin( 2*t + p ) + 1 );
        y = 300*( Math.sin( 3*t ) + 1 );
        ctx.lineTo( x, y );
      }
      ctx.stroke();
      p += deg;
    }
```

図形を出力する前に、clearRect()とbeginPath()を使ってcanvasをクリアしています。これらは前掲の主な描画命令の一覧で示したものです。そして、作図後にpを少し変化させています。なお、beginPath()直後のlineTo()はmoveTo()と見なされるので、moveTo()は使いません。

あとは、setInterval()という関数を使って、redraw()を一定時間ごとに呼び出すよう指示するだけです。setInterval()の第1引数には呼び出す関数、第2引数には呼び出し間隔をミリ秒単位で指定します。

▶ ex15-5.html

```
<!DOCTYPE html>
<html><head>
  <meta charset="UTF-8">
  <title>アニメーション</title>
</head><body>
  <canvas id="CanvasId" width="1024" height="1024"></canvas>
  <script>
    var cvs = document.getElementById("CanvasId");
    var ctx = cvs.getContext("2d");
    var p = 0;
```

```
    function redraw() {
      var x, y, t, deg = Math.PI/180;

      ctx.clearRect( 0, 0, cvs.width, cvs.height );
      ctx.beginPath();
      for( t = 0; t < Math.PI*2; t += deg ) {
        x = 300*( Math.sin( 2*t + p ) + 1 );
        y = 300*( Math.sin( 3*t ) + 1 );
        ctx.lineTo( x, y );
      }
      ctx.stroke();
      p += deg;
    }

    setInterval( function(){redraw();}, 100 );
  </script>
</body></html>
```

このプログラムを起動すると、次のような図が動きます。位相がずれても、美しく調和している様子が想像できるのではないでしょうか？タブか右上の×ボタンで終了させてください。

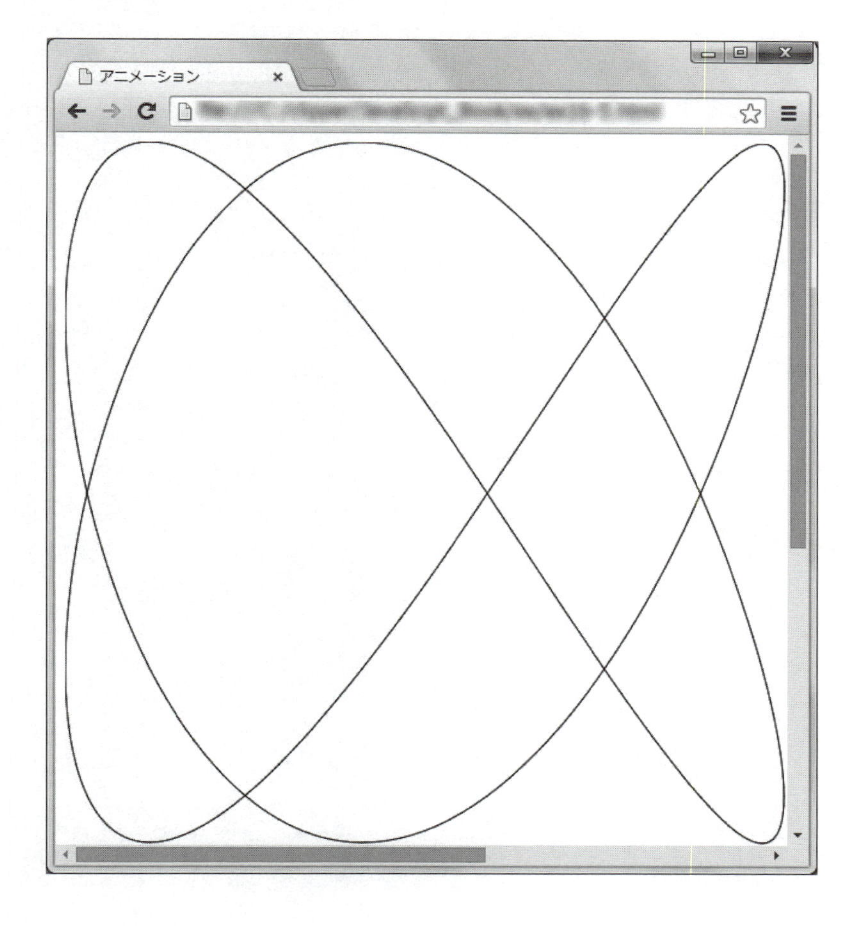

下記の2:3の部分を書き換えると、別の音程での波形を見ることができます。
たとえば、1:2（1オクターブ違う音）や4:5（ドとミ）などです。

```
x = 300*( sin( 2*t + p ) + 1 );
y = 300*( sin( 3*t ) + 1 );
```

16 電卓のプログラム

多くのプログラムでは、メインプログラムが全体の制御をとるなどの重要な役割を果たしますが、電卓は少し違います。それぞれのキーを押したときに、そのときの状況に応じた処理が実行され、それらが連携して全体としての機能を果たしているからです。

その点で戸惑うかもしれませんが、そのような種類の違うプログラムの例として、次の例題を考えます。

例題 16-1

ブラウザ上で動作し、加減乗除の四則演算ができる電卓プログラムを作りなさい。

16.1 仕様を考える

四則演算に限れば電卓の機能や操作方法は一定であり明確ですから、プログラムの仕様は実際の電卓にならうことにしましょう。仕様は省略し、操作画面を次に示します。

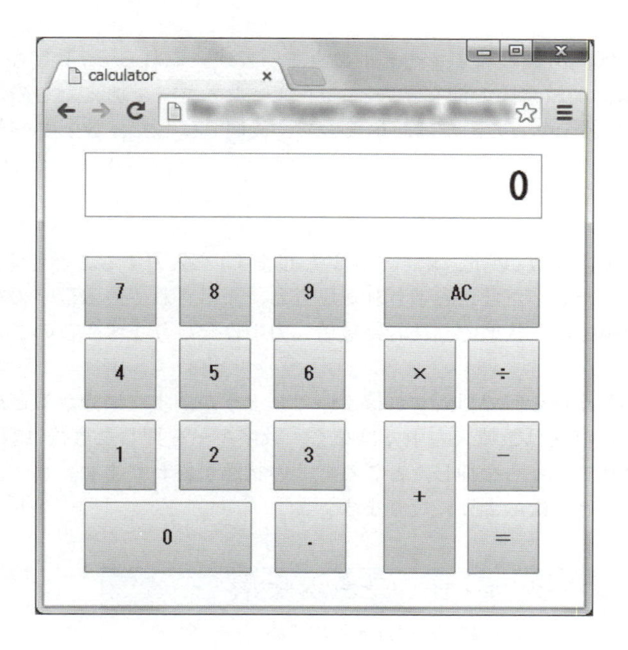

16.2 手順を考える

電卓の動きを全体として見ると簡単ですが、それぞれのキーを押したときの処理を組み合わせて全体の機能を実現するところに面白さがあります。これから作るのは、キーが押されたとき、そのキーに対応して実行される形のプログラムです。メインプログラムは制御をとりません。

電卓のキーを見ると、数値を入力するキーと、演算をするキーがあるのが分かります。そのいずれでもないのはオールクリア・キー（以下、クリア・キーとします）です。

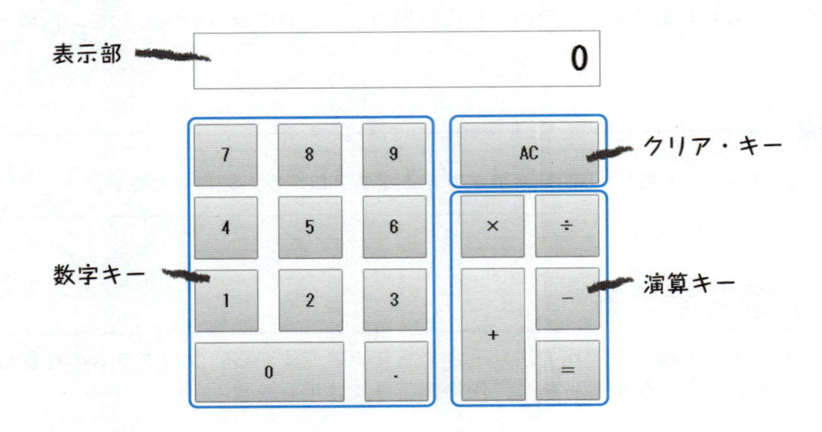

数値を入力するキーは、10個の数字キーと小数点キーです。これらを「数字キー」と呼ぶことにします。演算をするキーは、加減乗除の演算子キーにイコール・キーを加えたものです。これらを「演算キー」と呼びます。クリア・キーの働きは簡単なので、後回しにして、数字キーと演算キーから考えることにしましょう。

● 数字キーの処理

数字キーの仕事は、被演算数（以下、オペランドとします）を入力することですが、その動きに2通りあります。つまり、押した数字だけが表示される場合と、表示されている数字の右端に追加される場合です。前者は数値入力中でない状態で、後者は数値入力中に起こります。このことを、手もとの電卓で確認してください。

では、数値入力中かどうかを何で判断すればよいでしょうか？すぐに分かると思いますが、演算キーかクリア・キーを押した直後は数値入力中ではなく、数字キーを押した直後は数値入力中の状態です。そして、演算キーかクリア・キーを押したところでその状態が終わります。

以上のことをまとめると、次のようになります。

直前に押されたキー	数字キーを押したときの処理内容
演算キーまたはクリア・キー	押した数字だけが表示される
数字キー	表示されている数字の右端に追加される

● 演算キーの処理

四則演算を実行するにはオペランドが2つ必要ですから、演算キーに続けて2番目のオペランドを入力するまでは演算を実行できません。演算は、さらにその次の演算キーを押したときに実行されます。従って、たった今押されたキーに対する処理は、表示部の値と押されたキーの種類を保存することです。ただし、その前に押された演算キーが未処理で残っている場合には、先にその演算を実行しなければなりません。

たとえば「2+3-7」と押す場合、「2+3」の計算が実行されるのは、その次の"-"を押したときです。"+"を押したときには、第1オペランドの「2」と演算子「+」を覚えておくだけです。

また、第2オペランドを入力せずに演算キーを連続して押したときは、押された演算キーを覚え直すだけです。結局、演算キーが押されたときの処理は、次のようになります。

1. 保存されている演算子があって、かつ第2オペランドが表示部に入力されているときだけ、保存されている第1オペランド、表示部にある第2オペランド、保存されている演算子を使って計算を実行する。
2. 表示部の内容を第1オペランドとし、今、押された演算子の種類とともに保存する。

なお、演算キーが押されたときには必ず第1オペランドと演算子の種類を保存するので、演算子が保存されていたら、第1オペランドも保存されています。

● クリア・キーの処理

クリア・キーは、表示部を0にするだけでなく、内部に保存している演算キーの種別や第1オペランドもクリアする必要がありますね。このキーだけが、状態によらず、いつも同じ動作をするキーです。

● 表示部の処理

どのキーが押されたときでも、そのキーが数字キーかどうかを記録することと、表示部の表示内容の更新が必要です。

16.3 プログラムを書く

● 画面の構成

操作画面をHTMLで記述します。レイアウトを指定するには、「table要素を用いる」方法と、「div要素とCSSを使う」方法があります。かつてはtableが多く用いられてきましたが、div要素とCSSを用いるべきだとされています。tableは表を記述するための要素であるからというのが、主な理由です。

操作画面には、上に表示域、左に数字キー、右に操作キーを配置します。それぞれを格納するdiv要素にdiv1、div2、div3というidを与えます。全体を格納する容器をdiv0とします。

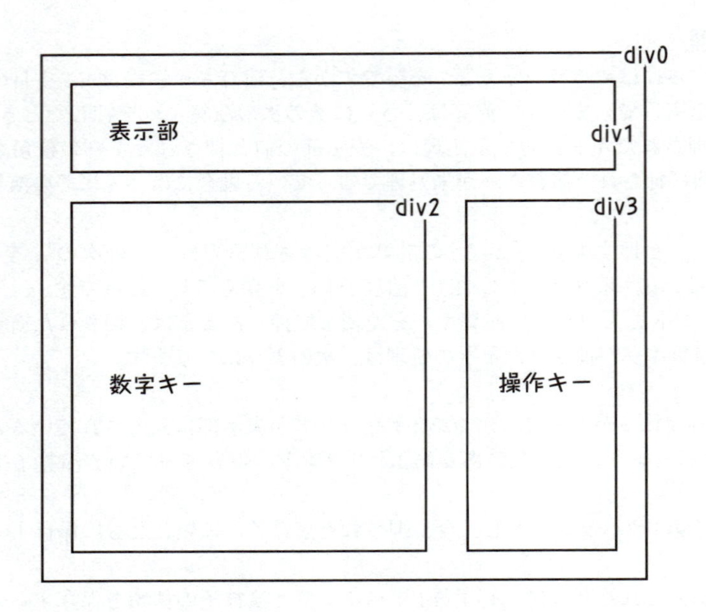

容器やキーには共通のスタイルを指定するので、それぞれcontainerとkeyというclass名を与えておくことにします。スタイル指定とJavaScriptコードの中身はあと回しにして、決められる範囲でHTML要素を書きます。

```
<!DOCTYPE html>
<html><head>
  <meta charset="UTF-8">
  <title>calculator</title>
  <style>

  (どのようなスタイルにするかは、まだ分かりません。
  あとから表示を見ながら調整して決めます。)

  </style>
  <script>

  (ここにJavaScriptコードを書きます。)

  </script>
</head><body>
<div id="div0" class="container">
<div id="div1" class="container">
  <textarea id="disp" rows="1" readonly>0</textarea>
</div>
<div id="div2" class="container">
  <input type="button" value="7" class="key" onmousedown="nk(7)">
  <input type="button" value="8" class="key" onmousedown="nk(8)">
  <input type="button" value="9" class="key" onmousedown="nk(9)">
  <input type="button" value="4" class="key" onmousedown="nk(4)">
  <input type="button" value="5" class="key" onmousedown="nk(5)">
```

```
    <input type="button" value="6" class="key" onmousedown="nk(6)">
    <input type="button" value="1" class="key" onmousedown="nk(1)">
    <input type="button" value="2" class="key" onmousedown="nk(2)">
    <input type="button" value="3" class="key" onmousedown="nk(3)">
    <input type="button" value="0" class="key" onmousedown="nk(0)">
    <input type="button" value="." class="key" onmousedown="nk(10)">
  </div>
  <div id="div3" class="container">
    <input type="button" value="AC" class="key" onmousedown="ac()">
    <input type="button" value="×" class="key" onmousedown="op(3)">
    <input type="button" value="+" class="key" onmousedown="op(1)">
    <input type="button" value="÷" class="key" onmousedown="op(4)">
    <input type="button" value="−" class="key" onmousedown="op(2)">
    <input type="button" value="=" class="key" onmousedown="op(9)">
  </div>
  </div>
  </body></html>
```

textareaのreadonly属性は、書き込みを禁止するものです。ここでは、表示域の内容を保護するために指定しています。また、onclickの代わりにonmousedownを使いました。onclickはマウスボタンを「押して離す」というイベントで関数が呼び出されますが、onmousedownは「押すだけ」で呼び出されます。電卓を使うときは次々にボタンを押すことが多く、しばしば離す前にマウスを動かしてしまうので、onmousedownの方が適しています。

イベントハンドラに指定されているnk()という関数は、数字キーの処理をする関数です。同様にop()は演算キー、ac()はクリア・キーの処理をします。op()の引数は演算種別を示す値です。演算種別が分かればよいので、どんな値でもよいのですが、加減乗除の順に1から割り当て、イコール・キーは9としました。つまらない勘違いを避けるため、あとから思い出しやすい値にしておきましょう。

表示スタイルを調整した結果を次に示します。idやclassセレクタでスタイルを指定しています。キー・トップと表示部の文字フォントは同じにしたいので * というセレクタを使っています。これは「すべての要素に対して」の指定です。

```
  <!DOCTYPE html>
  <html><head>
    <meta charset="UTF-8">
    <title>calculator</title>
    <style>
    * { font:bold 16px "Osaka-等幅","ＭＳ ゴシック","monospace" }
    .key{ width:60px; height:60px; margin:5px }
    .container { margin: 10px }
    #div1 { width:400px; clear:both; margin:15px }
    #div2 { width:230px; float:left }
    #div3 { width:140px; float:left }
    #disp { width:360px; padding:10px;
      font-size:32px; resize:none; text-align:right }
    </style>
    <script>

    (ここにJavaScriptコードを書きます。)
```

```
  </script>
</head><body>
<div id="div0" class="container">
<div id="div1" class="container">
  <textarea id="disp" rows="1" readonly>0</textarea>
</div>
<div id="div2" class="container">
  <input type="button" value="7" class="key" onmousedown="nk(7)">
  <input type="button" value="8" class="key" onmousedown="nk(8)">
  <input type="button" value="9" class="key" onmousedown="nk(9)">
  <input type="button" value="4" class="key" onmousedown="nk(4)">
  <input type="button" value="5" class="key" onmousedown="nk(5)">
  <input type="button" value="6" class="key" onmousedown="nk(6)">
  <input type="button" value="1" class="key" onmousedown="nk(1)">
  <input type="button" value="2" class="key" onmousedown="nk(2)">
  <input type="button" value="3" class="key" onmousedown="nk(3)">
  <input type="button" value="0" class="key"
    style="width:140px" onmousedown="nk(0)">
  <input type="button" value="." class="key" onmousedown="nk(10)">
</div>
<div id="div3" class="container">
  <input type="button" value="AC" class="key"
    style="width:130px" onmousedown="ac()">
  <div style="margin:0; padding:0; width:70px; float:left">
    <input type="button" value="×" class="key" onmousedown="op(3)">
    <input type="button" value="＋" class="key"
      style="height:130px" onmousedown="op(1)">
  </div>
  <div style="margin:0; padding:0; width:70px; float:left">
    <input type="button" value="÷" class="key" onmousedown="op(4)">
    <input type="button" value="－" class="key" onmousedown="op(2)">
    <input type="button" value="＝" class="key" onmousedown="op(9)">
  </div>
</div>
</div>
</body></html>
```

縦長の＋キーや、横長のACや0キーは、インライン指定でwidthやheightを指定しています。

● グローバル変数

それぞれのキーを押したときの処理の間で共有する必要のある変数を、グローバル変数として用意し、どこからでも参照したり、更新したりできるようにします。先に考えた手順に従って選んだグローバル変数は、次の通りです。

```
var dsp = "0";          //  表示部の内容(文字列)
var opr1;               //  保存している第1オペランド
var operator;           //  保存している演算子
var wasnum = false; //  最後に押したキーが数字ならtrue
```

● 表示内容の更新

キーが押されたら、必ず実行する処理です。今、押されたキーが数字キーかどうかを保存してから表示内容を更新します。つまり、wasnumを更新し、dspの内容をtextareaに反映します。

wasnumに設定する値は引数で受け取ります。数字キーの処理ではtrue、それ以外ではfalseを指定します。

```
function display( numkey ) {
  wasnum = numkey;
  document.getElementById("disp").innerHTML = dsp;
}
```

● 数字キーの処理

手順は、「直前に押されたキーが数字なら、その数字だけを表示し、数字でなければ表示の右に追加する」でしたね。上の表示内容の更新で述べたように、直前に押されたキーが数字だったかどうかは、グローバル変数のwasnumに残されています。

この仕事は、nk()という関数に担当させます。引数に渡されるのは、押された数字です。0から9は、数字キーの0から9に対応しています。小数点には10を割り当てました。また、手順にはありませんが、次の配慮を加えています。

1. 数字列の先頭でピリオドが押されたときは、「0.」と表示する。
2. 1つの数字列では、2回目以降のピリオドを無視する。
3. 数字列が0のときは、数字キーの0が押されても無視する。

このうち、1は数字列の先頭で、2と3は数字列の続きを入力中に必要な配慮です。

```
function nk( k ) {
  var ch = ["0","1","2","3","4","5","6","7","8","9","."][k];

  if( ! wasnum ) {              //  数字列の先頭
    if( k > 9 ) dsp = "0.";     //  ピリオド
    else dsp = ch;              //  押した数字だけが表示される
  } else {                      //  数字列の続き
    if( k > 9 ) {               //  ピリオド
      if( dsp.indexOf( "." ) < 0 ) dsp += ".";
    } else {                    //  数字
      if( dsp === "0" ) {
        dsp = ch;
      } else {
        dsp += ch;              //  表示中の数字列の右端に追加する
      }
    }
  }
  display( true );              //  出口の処理
}
```

● 演算キーの処理

先に考えた手順をもう一度示します。

1. 保存されている演算子があって、かつ第2オペランドが表示部に入力されているときだけ、保存されている第1オペランド、表示部にある第2オペランド、保存されている演算子を使って計算を実行する。
2. 表示部の内容を第1オペランドとし、今、押された演算子の種類とともに保存する。

「保存されている演算子がある」は、operator !== undefinedです。しかし、保存されている演算子がイコール・キーであるときは演算を実行しません。もう1つの条件、「第2オペランドが表示部に入力されている」は、wasnumだけで判定できます。ただし、電卓の動きを見ると、第2オペランドを入力せずにイコール・キーを押したときは、第1オペランドと同じ値で演算されるので、その判断を追加しました。

```
function op( k ) {
  if( operator !== undefined &&
    operator != 9 &&
    ( wasnum || k == 9 ) ) calculate();
  operator = k;
  opr1 = parseFloat( dsp );
  display( false );
}
```

計算は、calculate()という別の関数で行うことにします。なお、表示部の内容dspは文字列なので、parseFloat()で浮動小数点数に変換してからopr1に保存しています。

● 演算の実行

演算の実行は、第1オペランドをopr1、演算子をoperator、第2オペランドをdspとして演算を実行し、結果をopr1に保存する処理です。演算子の種類に応じてswitchで振り分けることにします。

```
function calculate() {
  switch( operator ) {
  case 1: opr1 += parseFloat( dsp ); break;
  case 2: opr1 -= parseFloat( dsp ); break;
  case 3: opr1 *= parseFloat( dsp ); break;
  case 4: opr1 /= parseFloat( dsp ); break;
  }
  dsp = String( opr1 );
}
```

dspは表示用の文字列、opr1は数値なので、parseFloat()やString()を用いて相互に変換しています。

● クリア・キーの処理

ここでの仕事は、常に「表示部を0にし、保存している演算キーの種別や第1オペランドをクリアする」ことです。

```
function ac() {
  dsp = "0";
  opr1 = operator = undefined;
  display( false );
}
```

● 完成形

上のコードをまとめた完成形を次に示します。JavaScriptのコードは、わずか50行あまりです。

▶ ex16-1.html

```
<!DOCTYPE html>
<html><head>
  <meta charset="UTF-8">
  <title>calculator</title>
  <style>
  * { font:bold 16px "Osaka-等幅","ＭＳ ゴシック","monospace" }
  .key{ width:60px; height:60px; margin:5px }
  .container { margin: 10px }
  #div1 { width:400px; clear:both; margin:15px }
  #div2 { width:230px; float:left }
  #div3 { width:140px; float:left }
  #disp { width:360px; padding:10px;
    font-size:32px; resize:none; text-align:right }
  </style>
  <script>
  var dsp = "0";        //  表示部の内容(文字列)
  var opr1;             //  保存している第1オペランド
  var operator;         //  保存している演算子
  var wasnum = false; //  最後に押したキーが数字ならtrue

  function calculate() {
    switch( operator ) {
    case 1: opr1 += parseFloat( dsp ); break;
    case 2: opr1 -= parseFloat( dsp ); break;
    case 3: opr1 *= parseFloat( dsp ); break;
    case 4: opr1 /= parseFloat( dsp ); break;
    }
    dsp = String( opr1 );
  }

  function display( numkey ) {
    wasnum = numkey;
    document.getElementById("disp").innerHTML = dsp;
  }

  function nk( k ) {
    var ch = ["0","1","2","3","4","5","6","7","8","9","."][k];

    if( ! wasnum ) {                //  数字列の先頭
      if( k > 9 ) dsp = "0.";       //  ピリオド
      else dsp = ch;                //  押した数字だけが表示される
    } else {                        //  数字列の続き
```

```
      if( k > 9 ) {                // ピリオド
        if( dsp.indexOf( "." ) < 0 ) dsp += ".";
      } else {                     // 数字
        if( dsp === "0" ) {
          dsp = ch;
        } else {
          dsp += ch;               // 表示中の数字列の右端に追加する
        }
      }
    }
    display( true );               // 出口の処理
  }

  function op( k ) {
    if( operator !== undefined &&
      operator != 9 &&
      ( wasnum || k == 9 ) ) calculate();
    operator = k;
    opr1 = parseFloat( dsp );
    display( false );
  }

  function ac() {
    dsp = "0";
    opr1 = operator = undefined;
    display( false );
  }
  </script>
</head><body>
<div id="div0" class="container">
<div id="div1" class="container">
  <textarea id="disp" rows="1" readonly>0</textarea>
</div>
<div id="div2" class="container">
  <input type="button" value="7" class="key" onmousedown="nk(7)">
  <input type="button" value="8" class="key" onmousedown="nk(8)">
  <input type="button" value="9" class="key" onmousedown="nk(9)">
  <input type="button" value="4" class="key" onmousedown="nk(4)">
  <input type="button" value="5" class="key" onmousedown="nk(5)">
  <input type="button" value="6" class="key" onmousedown="nk(6)">
  <input type="button" value="1" class="key" onmousedown="nk(1)">
  <input type="button" value="2" class="key" onmousedown="nk(2)">
  <input type="button" value="3" class="key" onmousedown="nk(3)">
  <input type="button" value="0" class="key"
    style="width:140px" onmousedown="nk(0)">
  <input type="button" value="." class="key" onmousedown="nk(10)">
</div>
<div id="div3" class="container">
  <input type="button" value="AC" class="key"
    style="width:130px" onmousedown="ac()">
  <div style="margin:0; padding:0; width:70px; float:left">
    <input type="button" value="×" class="key" onmousedown="op(3)">
    <input type="button" value="+" class="key"
```

```
        style="height:130px" onmousedown="op(1)">
    </div>
    <div style="margin:0; padding:0; width:70px; float:left">
      <input type="button" value="÷" class="key" onmousedown="op(4)">
      <input type="button" value="−" class="key" onmousedown="op(2)">
      <input type="button" value="=" class="key" onmousedown="op(9)">
    </div>
  </div>
  </div>
  </body></html>
```

これで電卓のプログラムが完成です。

索引

数字

英字

あ行

か行

さ行

た行

な行

は行

ま行

ら行

●著者

古金谷 博（こがねや ひろし）

東京工業大学大学院から電機メーカを経て独立。以来30数年ソフトウェア開発に従事し、多くの言語、分野に精通。Web技術の特許権を保有する。著書：「プログラムを作ろう！ C言語入門」、「同Java入門」（日経BP社）、「C言語学習帳」（工学社）。

藤尾 聡子（ふじお さとこ）

関西学院大学文学部から企画職を経てソフトウェア開発、eラーニング教材開発に従事。緻密な仕様設計に定評。「広く浅く始め、手順を重視」の学び方は、それらの経験と蓄積に基づく。著書:「プログラムを作ろう！ Java入門」（日経BP社）。

●編集支援

中西 通雄（なかにし みちお）

1980年大阪大学大学院博士前期課程修了（情報工学専攻）、三菱電機（株）に10年間勤務後、大阪大学助教授を経て2002年より大阪工業大学教授。情報教育、プログラミング教育、技術者倫理教育に興味を持つ。博士（工学）。

● 本書についての最新情報、訂正、重要なお知らせについては下記Webページを開き、書名もしくはISBNで検索してください。ISBNで検索する際は-（ハイフン）を抜いて入力してください。

https://bookplus.nikkei.com/catalog/

●本書に掲載した内容についてのお問い合わせは、下記Webページのお問い合わせフォームからお送りください。電話およびファクシミリによるご質問には一切応じておりません。なお、本書の範囲を超えるご質問にはお答えできませんので、あらかじめご了承ください。ご質問の内容によっては、回答に日数を要する場合があります。

https://nkbp.jp/booksQA

HTML+JavaScriptによるプログラミング入門　第2版

2014年8月11日　初版第1刷発行
2018年5月21日　第2版第1刷発行
2024年4月11日　第2版第4刷発行

著　　者　古金谷 博、藤尾 聡子
編集支援　中西 通雄
発 行 者　中川 ヒロミ
編　　集　田部井 久
発　　行　株式会社日経BP
　　　　　東京都港区虎ノ門4-3-12　〒105-8308
発　　売　株式会社日経BPマーケティング
　　　　　東京都港区虎ノ門4-3-12　〒105-8308
装　　丁　クニメディア株式会社
DTP制作　クニメディア株式会社
印刷・製本　図書印刷株式会社

ISBN978-4-8222-5400-1　Printed in Japan